# Espaces de l'enseignement scientifique et technique

## Acteurs, savoirs, institutions, XVIIe-XXe siècles

# Espaces de l'enseignement scientifique et technique

## Acteurs, savoirs, institutions, XVII^e^-XX^e^ siècles

sous la direction de
Renaud d'Enfert et Virginie Fonteneau

Hermann
*Histoire des Sciences*

**www.editions-hermann.fr**

ISBN : 978 2 7056 8174 6

# Liste des auteurs

Liliane ALFONSI, Université Paris Sud 11, Groupe d'histoire et diffusion des sciences d'Orsay (EST-EA 1610).

Anne BIDOIS, Université de Rouen, Groupe de recherche Innovations et sociétés (EA 3232).

Gérard BODÉ, École normale supérieure de Lyon (Institut français de l'éducation), Service d'histoire de l'éducation.

Marianne CHOUTEAU, Université de Lyon (INSA de Lyon), composante ITUS (Ingénieries, Technologies, Urbanisations et Sociétés) du laboratoire Environnement, Ville, Société (UMR CNRS 5600).

Renaud D'ENFERT, École normale supérieure de Lyon (Institut français de l'éducation), Service d'histoire de l'éducation et Groupe d'histoire et diffusion des sciences d'Orsay (EST-EA 1610).

Virginie FONTENEAU, Université Paris Sud 11, Groupe d'histoire et diffusion des sciences d'Orsay (EST-EA 1610).

Joëlle FOREST, Université de Lyon (INSA de Lyon), composante ITUS (Ingénieries, Technologies, Urbanisations et Sociétés) du laboratoire Environnement, Ville, Société (UMR CNRS 5600).

Christian GÉRINI, Université du Sud Toulon-Var, Groupe d'histoire et diffusion des sciences d'Orsay (EST-EA 1610).

Hélène GISPERT, Université Paris Sud 11, Groupe d'histoire et diffusion des sciences d'Orsay (EST-EA 1610).

Fabien KNITTEL, Université de Franche-Comté, Laboratoire des sciences historiques (EA 2273).

Pierre LAMARD, Université de technologie de Belfort-Montbéliard, Laboratoire RECITS (EA 3897).

Yves-Claude LEQUIN, Université de technologie de Belfort-Montbéliard, Laboratoire RECITS (EA 3897).

Audrey Millet, Université Paris 8, Laboratoire Institutions et dynamiques historiques de l'économie (UMR CNRS 8533).

Pascale Mormiche, Université de Cergy-Pontoise, Laboratoire États, Sociétés, Religions (EA 2449).

Philippe Nabonnand, Université de Nancy, Laboratoire d'histoire des sciences et de philosophie – Archives Henri Poincaré (UMR CNRS 7117) / MSH Lorraine.

Céline Nguyen, Université de Lyon (INSA de Lyon), composante ITUS (Ingénieries, Technologies, Urbanisations et Sociétés) du laboratoire Environnement, Ville, Société (UMR CNRS 5600).

Laurent Rollet, Université de Nancy, Laboratoire d'histoire des sciences et de philosophie – Archives Henri Poincaré (UMR CNRS 7117) / MSH Lorraine.

Pierre Savaton, Université de Caen Basse-Normandie, Centre d'études et de recherche en sciences de l'éducation (EA 965).

François Soulard, Centre François Viète (EA 1161, Université de Nantes).

# Sommaire

# Introduction

**Renaud d'Enfert et Virginie Fonteneau**

Dans une de ses chroniques du *Monde de l'éducation*, Antoine Prost observait en 2003 : « L'approche biographique est souvent décriée : mieux vaut expliquer l'évolution de notre société et de son enseignement par le jeu des forces profondes. Pourtant le rôle des hommes est essentiel, comme l'est parfois celui des accoucheurs.[1] » En abordant l'histoire de l'enseignement scientifique et technique sous l'angle de ses acteurs, individuels ou collectifs, dans leurs rapports aux savoirs et aux institutions d'enseignement, c'est précisément ce « rôle des hommes » que le présent ouvrage entend mettre en exergue, souhaitant ainsi montrer la fécondité de l'approche biographique, encore trop peu développée. Celui-ci s'intéresse en effet à ces individus, parfois célèbres, le plus souvent méconnus, qui, dans le système d'enseignement scientifique et technique français, ont entrepris d'y introduire de nouvelles pratiques ou de nouveaux contenus, de réorganiser des plans d'études, ou encore d'initier la création d'établissements singuliers.

Ce choix de l'approche biographique présente aussi un autre intérêt historiographique que celui souligné par Antoine Prost. En effet, cet ouvrage est né de la volonté et du pari de faire se rencontrer des historiens de l'enseignement scientifique et des historiens de l'enseignement technique afin de confronter des objets et des problématiques de recherche souvent différents, et de faire apparaître de possibles points de convergence entre ces deux domaines souvent cloisonnés : les premiers, notamment lorsqu'ils étudient les XIX^e^ et XX^e^ siècles, centrent essentiellement leurs travaux sur l'enseignement des disciplines scientifiques et l'évolution de leurs contenus et de leurs méthodes ; les seconds s'intéressent surtout au développement de l'offre de formation technique et aux logiques d'établissement, privilégiant bien davantage l'enseignement technique en tant qu'institution plutôt que l'enseignement *des* techniques. Alors que l'on observe un regain d'intérêt pour les études biographiques ou prosopographiques depuis quelques années[2], porter l'attention sur les acteurs de l'enseignement scientifique et technique visait alors moins à interroger le genre biographique *en soi*, qu'à proposer une entrée commune à ces deux champs de recherche : une entrée susceptible de croiser les centres d'intérêts des uns et des autres, et invitant chacun à faire un « pas de côté » pour interroger à nouveaux frais l'histoire de cet enseignement. Cette rencontre a eu lieu dans le cadre du congrès de la Société française d'histoire des sciences et des techniques qui s'est tenu à Paris au mois de septembre de 2008. L'intérêt manifesté par les participants lors des discussions qui ont suivi les interventions nous a incité à en réunir un large échantillon.

Douze contributions sont ainsi rassemblées, qui sont autant d'études de cas relatives à l'histoire conjointe des disciplines (du dessin aux mathématiques, en passant par l'agronomie) et des institutions scientifiques et techniques (des cours pour ouvriers à la Sorbonne), depuis le milieu du XVII^e siècle jusqu'à la fin du XX^e siècle. Celles de la première partie, « Desseins et initiatives », s'intéressent à des acteurs qui se sont investis, à un moment donné de leur vie, pour créer, organiser, transformer une institution d'enseignement, et/ou faire évoluer telle ou telle discipline d'enseignement. Celles de la deuxième partie, « Itinéraires et stratégies », s'attachent quant à elles à décrire les trajectoires professionnelles des acteurs qu'elles considèrent et à mettre au jour les logiques (personnelles, scientifiques, institutionnelles) qui les structurent.

Cette entrée commune, celle des acteurs, loin d'uniformiser les approches, a témoigné de sa richesse méthodologique en permettant de varier les échelles d'analyse : certains chapitres sont construits « autour d'un homme », d'autres privilégient l'étude de groupes d'acteurs déterminés, voire d'acteurs collectifs ; certains se situent à l'échelle de l'établissement ou du réseau d'établissements, d'autres à l'échelle de la ville, d'autres encore à l'échelle du pays tout entier. Elle fait également apparaître des acteurs autres que les seuls savants et professeurs sur lesquels l'attention s'est le plus souvent focalisée. Administrateurs, hommes politiques, mécènes, sont également au cœur du système d'enseignement scientifique et technique, et interagissent avec ces savants et ces professeurs. L'étude des acteurs ici considérés, de leurs carrières, de leurs engagements, de leurs initiatives et de leurs motivations, des réseaux dans lesquels ils s'insèrent et évoluent, vise alors à saisir les articulations entre actions individuelles, dynamiques locales et mouvements d'ensemble. Les index qui figurent en fin d'ouvrage témoignent d'ailleurs de la diversité des acteurs et des institutions ainsi envisagés.

Les études réunies dans ce livre – et c'est là, nous semble-t-il, un de ses apports – montrent ainsi toute la fécondité de l'attention portée, *via* les acteurs, aux diverses échelles locales, trop souvent ignorées ou méconnues au regard du global et/ou de la norme nationale, surtout en ce qui concerne l'histoire de l'enseignement scientifique des XIX^e et XX^e siècles. Par exemple, bon nombre de contributions soulignent le poids des acteurs locaux dans la mise en place d'enseignements ou d'établissements nouveaux (ou renouvelés). L'intérêt de ces approches locales (ou multi-locales) réside aussi – et surtout – dans le fait qu'elles s'inscrivent, pour la plupart, dans une perspective large, qui joue de la confrontation avec la conjoncture nationale. Cette confrontation permet la mise au jour de différents jeux possibles entre le local et le national ainsi que des diverses configurations qui peuvent en résulter. Elle ouvre également, face au centralisme dominant de l'historiographie[3], sur une réévaluation des rapports entre Paris et la province : plusieurs chapitres montrent les multiples possibilités offertes par la province, telles que l'investissement dans les sociétés savantes, lieux essentiels pour obtenir soutien et reconnaissance des élites locales.

Une telle approche conduit également à considérer les relations entre les individus et les institutions au sein desquelles ils évoluent, entre les actions individuelles et les entreprises collectives. Les interrogations portent alors sur les contraintes du milieu où ces individus exercent leur action ainsi que sur les marges de manœuvre ou les possibilités de choix dont ils disposent. Pour nombre d'acteurs évoqués dans cet ouvrage, la réalisation de leurs projets ou de ceux qui leur ont été assignés n'est d'ailleurs pas exempte d'intérêts personnels en terme de carrière, de statut et de reconnaissance sociale. L'entrée par les acteurs permet ainsi d'appréhender, au moins en partie, les conditions sociales de l'évolution de l'enseignement scientifique et technique.

L'imbrication des approches disciplinaires et institutionnelles, que permet l'entrée par les acteurs, est un autre trait marquant des articles réunis dans ce livre. Plusieurs d'entre eux, du reste, se situent résolument à la croisée de l'histoire de l'enseignement scientifique et de l'histoire de l'enseignement technique. Ils nous rappellent que, d'un siècle à l'autre, les disciplines scientifiques se déploient, non pas de façon abstraite, mais dans des espaces et des contextes bien déterminés (dans des établissements d'enseignement ou dans le cadre de l'apprentissage domestique), et avec des enseignants et des élèves bien réels. Ils nous rappellent également que l'offre de formation scientifique et technique d'un établissement d'enseignement ne se résume pas à la liste des matières qui figurent à l'emploi du temps des élèves : à chaque établissement correspondent des contenus, des méthodes, des pratiques spécifiques, qui dépendent autant, sinon plus, des acteurs locaux que de la norme nationale (quand elle existe). Parce qu'elle décale le point de vue, une telle perspective, à l'articulation des contenus et des institutions d'enseignement, permet un autre regard sur l'histoire de l'enseignement scientifique et technique.

Nous avons voulu réunir dans cet ouvrage des contributions qui mettent en évidence le poids des acteurs, individuels ou collectifs, locaux ou nationaux, dans

# Chapitre 1

# Les Condé et les sciences : entre l'académie Bourdelot et l'éducation de Monsieur le duc (1670-1700)

**Pascale Mormiche**

L'histoire des sciences s'est encore peu interrogée sur les acquisitions concrètes de la culture scientifique dans les études princières. Ces lieux d'apprentissage domestique sont pourtant une interface humaine intéressante où se mêlent précepteurs, savants désireux de se distinguer, princes conscients de l'utilité publique des sciences. Ce sont des lieux où les savoirs s'élaborent et s'étoffent dans cette fin du XVII^e^ siècle. L'éducation de deux jeunes princes de Condé permet d'envisager, en parallèle avec l'académie Bourdelot, la manière dont les engagements académiques et scientifiques du prince de Condé se transforment en enseignements scientifiques pour ses fils et petits-fils.

Après René Pintard et Katia Béguin qui ont souligné l'intérêt du prince de Condé pour les sciences[1], il convient d'étudier sur une courte période (1670-1700) la modification du modèle éducatif au travers du choix du personnel préceptoral et du contenu de ce qui est enseigné. Comment les nouveaux savoirs scientifiques s'accommodent-ils avec les savoirs scolaires ?

## Les Condé dans Paris, capitale culturelle et scientifique des années 1670-1680

Parmi les différents cénacles savants très actifs à Paris, l'académie Bourdelot se réunit dès 1660 à l'hôtel parisien de Condé. En 1674, c'est une trentaine de savants qui participent régulièrement à ce cercle. Au moins six d'entre eux ont été admis à l'Académie royale des sciences au cours de la période. Plusieurs collaborent par la suite à l'éducation princière.

Le prince de Condé soutient ce mécénat académique. Il protège des savants qui se font l'intermédiaire du prince vers les milieux académiques et culturels. Il compte sur eux pour édifier sa renommée à l'étranger (le médecin Redi, l'astronome Borelli, le botaniste Boccone). L'académie Bourdelot est un espace public de la science, une instance autonome de discussion caractérisée par une critique modérée et une pluralité d'idées.

Condé et son médecin Bourdelot entretiennent une correspondance nourrie sur les questions scientifiques en débat à Paris. Plusieurs fois par semaine, Bourdelot informe le prince des conversations parisiennes, des projets de publication, des livres publiés et des rumeurs scientifiques.

Devant l'importance des salons et des cénacles savants, devant la renommée qu'apporte la publication, Condé incite son médecin à publier les conversations de l'académie Bourdelot afin de montrer l'intérêt scientifique du cercle. Les premières conversations paraissent en 1672 et se poursuivent encore en 1684[2]. Ainsi, l'académie Bourdelot rend public le fait qu'elle discute des doctrines cartésiennes et atomistes dans la décennie même où les premiers cartésiens, Clerselier et Rohault publient les idées du grand homme[3]. C'est exactement la période, entre 1676 et 1679, durant laquelle les quatre *Essais de physique* de Mariotte, qui comptent parmi ses travaux les plus importants, commencent à paraître à Paris[4].

Par ces publications, le prince de Condé ne veut rien céder au roi. Il entend rester un prince, l'un des derniers qui finance une « cour » intellectuelle où les idées s'échangent indépendamment des institutions royales. Il incite Bourdelot à la diffusion du contenu des conversations afin d'être dans la course intellectuelle et scientifique qui dessine la nouvelle identité du prince. Ce lieu de savoirs qu'est l'académie Bourdelot offre par conséquent des conditions matérielles rares à cette époque (un espace, des « intellectuels », des controverses et des publications) pour permettre à la science de progresser.

## L'éducation de Louis III, duc de Bourbon

C'est dans ce contexte que se déroule l'éducation de Louis, duc de Bourbon. Les Condé ont confié leurs garçons aux Jésuites depuis le début du XVII^e^ siècle. Entre 1676 et 1684, Louis est donc élève du collège de Clermont devenu Louis-le-Grand. Louis aborde vers 1682 les années de philosophie qui achèvent les études des collèges avec le père Isaac Martineau, actif au collège à cette date[5]. Ce cours n'a pas vocation à être publié. Il n'est connu que parce que des notes manuscrites ont été prises dans l'entourage du jeune Bourbon[6]. Professé en latin entre 1682 et 1684, il s'organise en quatre parties :

– en première année : logique (première partie) et morale (seconde partie)
– en seconde année : physique (troisième partie)

– apparemment un cinquième volume avec la métaphysique (quatrième partie, disparue).

Ce cours officiel que Martineau prodigue au collège de Clermont ne s'inscrit pas dans la polémique scientifique de l'époque mais témoigne cependant d'une évolution par rapport à l'héritage scolastique. Plutôt favorable à la doctrine atomiste, influencé par Gassendi, il assure la transition vers l'explication mécaniste issue du cartésianisme. Il fait cela à une date (1671) où le roi, par l'intermédiaire de l'archevêque de Paris, du Harlay, défend d'enseigner la philosophie de Descartes, non seulement à l'université de Paris mais dans toute la capitale et les villes du royaume.

En supplément du cours manuscrit de Martineau, on dispose des lettres quotidiennes des précepteurs du duc de Bourbon pendant les quelques mois durant lesquels la physique est enseignée au jeune prince. Ceux-ci informent par le détail le prince de Condé de tout ce qui est enseigné à son petit-fils. Ces commentaires sont très intéressants car ils donnent une matérialité à ce qui est enseigné. Ces deux sources conjointes, un cours en latin et le commentaire quotidien de ce qui est effectivement enseigné sont extrêmement rares. Examinons donc ces lettres des précepteurs afin d'analyser l'enseignement concret du jeune prince.

Le 7 janvier 1684, « On continue d'examiner la question du lieu et de l'espace, on lit sur cela ce que disent les principes de Descartes en expliquant ce qui peut servir à connoitre la différence entre l'ancienne et la nouvelle philosophie.[7] » La méthode est décrite simplement : lecture, discussion, comparaison orale entre deux philosophies.

Le 15 janvier, « le père Martineau est content, on continue d'expliquer les expériences et les sentiments différents des philosophes sur le vide, on ne pouvoit pas faire dans ce temps là les expériences, cela se fera quand le froid et la gelée auront cessé[8] ». En effet, fin janvier 1684, le *Journal des savants* se fait l'écho de ce froid intense qui paralyse Paris, permettant toutefois certaines expérimentations :

> « Expérience curieuse et singulière.
> Ceux qui attribuent à la raréfaction de l'air qui se fait par le froid, la rupture de plusieurs vaisseaux qui la contiennent seront confirmez dans leur opinion, quand ils sçauront que cela n'est point arrivé, lorsqu'on a exposé au grand froid comme on a fait ces jours passez, de l'eau qui avoit esté dans le vuide & dont on avoit pompé l'air.[9] »

Le 22 janvier 1684, le père Martineau poursuit l' « étude du vide, que nous finirons bientôt pour commencer le mouvement[10] ». Le 23, « on regarde aujourd'hui la question de la pesanteur de l'air à laquelle on attribue les effets qu'on attribuoit autrefois à l'horreur du vide, ensuite on fera l'application de ce principe à toutes les expériences que l'on fait sur cette matière, le père Martineau a dessein de les faire voir d'abord en particulier à Monseigneur le duc de Bourbon[11] ».

La « pesanteur de l'air » est en discussion depuis l'expérience mise au point par Torricelli en 1644 à Florence. Cette expérience barométrique, qui avait pour objectif d'élaborer des instruments de mesure fiables, fut tentée à Paris par Mersenne en 1646 puis reprise par de nombreux savants dont Bourdelot après 1647. Cette notion débouche sur « l'horreur du vide » : les termes utilisés ici en 1684 sont ceux de Blaise Pascal dans son récit *de la Grande Expérience de l'équilibre des liqueurs* entre 1644 et 1648[12]. En mars 1648, l'Hôtel de Condé avait d'ailleurs été le lieu d'une de ces grandes expériences publiques de Roberval sur le vide avec une vessie de carpe. Quarante ans plus tard, en 1684, la théorie ne fait plus l'objet de discussions devant les élèves, elle est clairement admise alors que l'expérience est toujours pratiquée dans un but pédagogique. En 1684, considérant désormais inexacte la philosophie aristotélicienne qui attribuait au vide une qualité, un sentiment, Martineau a adhéré à la nouvelle physique alors que la controverse sur le vide n'occupe plus le devant de la scène.

En outre, si l'on en croit la lettre du 23 janvier 1684, « le père Martineau a dessein de faire voir les expériences d'abord en particulier à Monseigneur le duc de Bourbon ». Ainsi les cours théoriques ne suffisent pas, ils sont complétés par la pratique.

Pour les princes, l'expérimentation, la démonstration sont une pratique nouvelle dans les années 1670 ayant deux objectifs. Il s'agit, d'une part, d'établir la preuve par l'expérience scientifique et, d'autre part, de la faire observer par un illustre personnage afin qu'elle ne soit pas contestables et qui de mieux que le fils du roi ? À la fin de son éducation, le grand dauphin s'était en effet déplacé dans les lieux institutionnels de la science. Accompagné de François Blondel, il avait justement assisté à la *Première expérience faite à l'Académie Royale des Sciences par M. de Mariotte, sur les jets d'eau*, expériences avec des fluides et du vif-argent[13]. Il s'agissait de la présentation des résultats expérimentaux sur l'écoulement des liquides pour préciser les expériences de Torricelli dont Mariotte et Picard avaient été chargés par l'Académie à partir du 11 juillet 1668 :

> « Celles-ci répétées plusieurs fois à l'Académie & même à l'Observatoire en présence de Monseigneur le Dauphin, ne permettent pas que l'on puisse douter davantage de la vérité de notre supposition à laquelle elles se sont trouvées conformes en tous les cas avec autant de précision et de justesse que l'on sçauroit attendre des expériences humaines. »

Blondel renouvelle « l'expérience qu'[il] a faite avec l'eau qui s'épanouit sur la fin du jet en forme d'ellipse » puis « faisant réflexion que le vif argent est quatorze fois plus pesant que l'eau, je proposay d'en faire l'expérience à Messieurs de l'Académie Royale des Sciences qui donnèrent ordre à M. Rômer de l'exécuter ». Il en a tiré une « table noire sur laquelle les paraboles entiers ont été descrites & vérifiées par la répétition de plusieurs expériences tant à l'Académie Royale des Sciences qu'à l'Observatoire & même en présence de MONSEIGNEUR LE DAUPHIN[14] ».

La présence signalée du dauphin associée à la reproductibilité des expériences « ne permettent pas qu'on puisse douter » et soulignent avec toute leur force de persuasion la nécessité de valider les expériences par une caution visuelle, savante mais surtout indiscutable sur le plan social. Assistant à l'expérience, le dauphin apporte ainsi la caution royale aux activités de Mariotte au sein de l'Académie.

Une dizaine d'années plus tard, c'est au tour du duc de Bourbon d'assister à des expériences. L'objectif est alors totalement différent. Celui-ci n'est pas autorisé à se rendre à l'Observatoire, ni à l'Académie des sciences comme son royal cousin. C'est pourquoi il se déplace dans la boutique de M. Hubin[15]. Cet artisan anglais, démonstrateur, émailleur du roi et mécanicien est surtout un remarquable fabriquant d'instruments, de pompes à air, thermomètres et aréomètres. Huygens utilise cet ami de Denis Papin pour construire des baromètres et thermomètres. Depuis les années 1674-1684, les expériences que Hubin répète déplacent les foules de curieux. Son magasin, rue Saint Denis, est rempli de membres de la bonne société française ou étrangère[16]. En général, Hubin répète l'expérience de Torricelli mise au point avec Mariotte démontrant l'existence du vide à l'aide de tubes de mercure[17]. Il ne s'agit plus de tester une hypothèse, de trouver une cause, ni de valider une théorie, mais seulement de rendre visible aux yeux du public la relation entre la pression et la hauteur de mercure.

Afin de préparer le jeune prince à ces démonstrations publiques, Martineau a organisé en privé une série d'expériences, lui a préparé les réponses exactes afin que le duc de Bourbon évite les impairs et donne l'impression de comprendre rapidement devant ses condisciples. On est là dans l'ordre de la représentation du prince. Ainsi le vendredi 28 janvier 1684,

> « On fit hier en présence de M. le duc de Bourbon depuis huit heures et demi jusqu'à onze heures toutes les expériences qui regardent le vide et plusieurs de celles qui regardent la pesanteur et l'équilibre des liqueurs et l'on ne s'y ennuya point, il fut même fort attentif à ce qu'il voyoit, et il rendit assez bien raison de plusieurs phénomènes sur lesquels on l'interrogeoit. [...] on fronda beaucoup sur l'horreur du vide et tout fut attribué à la pesanteur et à la vertu élastique de l'air.[18] »

Cependant, même en ayant répété, Bourbon paraît être médiocre dans ses réponses. L'expérimentateur Hubin a utilisé l'expression même de Mariotte, la « vertu élastique de l'air ». La théorie étant désormais acceptée, il s'agit de la diffuser dans le public par ces démonstrations connues. Un prince ne peut en être ignorant. Le 31 janvier 1684, le grand-père envoie à son petit-fils un thermomètre et un baromètre afin d'encourager la poursuite des expériences avec son autre précepteur, le père Bergier[19]. En août 1684, le cours de philosophie continue avec « les phénomènes de l'air, ceux de la terre, les fontaines, la mer, les causes et les pourquoi elle est salée, les opinions différentes sur le flux et le reflux, [...] et l'explication de l'aimant[20] ».

Ces cours, ces démonstrations donnent quelques indications sur le public et la diffusion de la science au début des années 1680. D'abord s'organise à petite échelle une diffusion familiale, auprès de la duchesse de Bourbon-Condé, la princesse palatine Anne de Bavière (1648-1723), de ses filles et de leurs dames d'atours : « Nous rendîmes compte de tout cela à SAS M$^{me}$ la duchesse qui en parut contente et elle nous fit l'honneur de nous souffrir une heure et demie dans son cabinet avec M. le duc de Bourbon et M$^{lle}$ de Bourbon ; On parla fort du jubilé, de philosophie et de choses semblables.[21] »

Cette heure et demie dispensée régulièrement le samedi dans l'entourage princier immédiat peut paraître une diffusion bien anecdotique mais il est improbable qu'une reine ou une dauphine aient eu une telle initiation à la même époque. Peu de femmes nobles ou princesses entendirent alors parler du vide et de l'équilibre des liqueurs[22]. Et des deux petites filles qui assistaient à de telles conférences, l'une, l'aînée, Marie-Thérèse de Bourbon-Condé, Mademoiselle de Bourbon, devint par mariage la princesse de Conti, tandis que la petite, Anne-Louise Bénédicte de Bourbon-Condé, Mademoiselle d'Enghien, n'est autre que la future duchesse du Maine. Les répétitions hebdomadaires de leur frère déterminèrent leur intérêt futur pour les sciences.

À la suite de ces répétitions et expériences dans le cadre privé, la diffusion devient publique puisqu'elle s'effectue devant les condisciples du jeune duc au collège. Les expériences de janvier 1684 ont lieu à la demande du prince, en supplément des cours de philosophie du père Martineau. « Tous les jeunes jésuites de sa classe *qu'il avoit eu la bonté d'inviter* y furent présents.[23] » Ainsi le prince de Condé favorise, finance des expériences dans ce milieu scolaire privilégié de la même manière qu'il conforte son patronage académique à la ville. Le cercle nobiliaire, le collège de Clermont et l'académie Bourdelot, tous les trois rentrent dans la démarche de diffusion des sciences par le prince de Condé.

De septembre 1684 à la fin de 1686, alors que les études du duc de Bourbon s'achèvent au collège, elles se poursuivent dans l'hôtel familial à Chantilly ou à Paris. Il s'agit d'approfondir l'éducation malaisée du duc de Bourbon maintenant âgé de 16 ans, afin que la famille puisse rivaliser avec les princes de Conti, le duc de Chartres et le duc du Maine qui, à cette époque, reçoivent une véritable éducation princière. Pour ce faire, le prince de Condé recrute des précepteurs particuliers comme La Bruyère, sous le contrôle de deux jésuites, le père Alleaume et le père Du Rosel. Condé engage plus particulièrement un maître de mathématiques et de physique, rare dans le milieu princier à cette date, Joseph Sauveur, qui est au début de sa carrière scientifique et pédagogique. Condé, satisfait, protégea ensuite Sauveur.

Remarquons la modification importante dans l'éducation princière : les sciences font désormais partie de cet approfondissement au même titre que les belles-lettres, l'histoire et des apprentissages comportementaux. Selon les sources, il ne semble plus être question d'expériences. On apprend ainsi que, le 9 février 1685, « nous avons achevé de lire de M. Descartes ce qui concerne le mouvement », soit la seconde partie des *Principes de philosophie*[24]. En avril 1685, entre les différentes dévotions de Pâques, le prince poursuit les *Principes.*

Pourquoi employer Joseph Sauveur ? Au collège, il semble que le cours de fortification ait été inexistant et celui de mathématiques pratiques insuffisant. Par conséquent, Joseph Sauveur est chargé de présenter un cours d'art militaire qui inclut les dernières modifications des jets de bombes et d'architecture militaire. Sauveur rédige alors des *Élémens de géométrie* devenus *Géométrie élémentaire et pratique*[25] qui se diffuse immédiatement à grande échelle :

> « Il y a longtemps que les deux traités qui composent ce volume, sont avantageusement connus du public, à peine M. Sauveur les eut-il rédigés que la plupart des Maîtres de Mathématiques les adoptèrent & malgré *la difficulté d'en avoir des copies exactes* & leur cherté, elles se sont multipliées d'une telle manière que ces ouvrages ont presque été aussi répandus que s'ils avoient été imprimés [...]. La *disposition & l'arrangement des matières de cet ouvrage* sont à peu près les mêmes que celui de la géometrie de Port Royal ou de M. Arnaud, adopté par M. de Malezieu & par la plupart des Auteurs des nouveaux Eléments de géométrie.[26] »

Grâce aux lettres destinées au prince de Condé, on peut déterminer la progression quotidienne du cours de fortification et de mathématiques de Sauveur. Il reprend au début les théories des nombres, des éléments de géometrie, leçons qu'il synthétisera dans le premier cours imprimé de fortification organisé et comparé[27]. Cet ouvrage prend place entre celui que rédige François Blondel, maître de mathématiques du grand dauphin[28] et celui écrit par Nicolas de Malézieu[29]. Cette grappe de publications indique clairement la place prise par les mathématiques dans l'éducation princière en cette fin du XVII^e^ siècle.

Par conséquent, l'éducation de Louis, duc de Bourbon, a intégré le modèle éducatif princier dominant, en modifiant son contenu et ses méthodes. Les sciences ont été considérablement renforcées, acquerrant ainsi une place dans l'enseignement domestique du prince. L'éducation du grand dauphin qui a eu lieu une dizaine d'années plus tôt dissociait déjà la philosophie de l'enseignement de la philosophie naturelle et faisait intervenir la doctrine cartésienne dans l'explication des phénomènes. Mais on ne disposait pas encore de cours aussi complets ni organisés que ceux de Martineau et de Sauveur pour le duc de Bourbon.

Le grand dauphin n'a pas passé autant de temps à suivre des expériences scientifiques. L'usage de la science était différent : prince destiné à régner, le grand dauphin avait un enseignement politique, historique plus important. Quand il se rendait à l'Académie royale des sciences, il observait des expériences nouvelles et les validait par sa présence. Le but était de fournir une expertise au prince, lequel apporte en retour une caution politique. Ce n'est pas le cas pour le duc de Bourbon. Il assiste vraisemblablement à des séries d'expériences comparables sur le vide mais ces expériences sont connues et largement diffusées dans les cénacles savants. Il s'agit désormais de le former scolairement aux savoirs nouveaux et de mettre en place un enseignement pratique et expérimental. En ce qui concerne le comportement princier, ce spectateur scolaire doit donner l'impression majestueuse de comprendre vite. Ce qui est vrai pour le grand dauphin mais l'est nettement moins pour le duc de Bourbon.

En ce qui concerne le contenu, la géométrie et les mathématiques pratiques, quoique permanentes dans l'éducation princière en raison de leur usage dans l'arpentage, l'art de la guerre, la géographie, se renforcent notablement en cette fin de XVIIe siècle. Plus nouvelles, les expériences sur le vide, les fluides, les liqueurs, passion de cette période, sont communes à l'apprentissage des deux princes. En revanche, le duc de Bourbon ne semble pas avoir été initié à l'astronomie, ni à l'observation des astres comme le fut le grand dauphin et plus encore les princes du XVIIIe siècle.

De véritables ouvrages pédagogiques ont été créés pour le duc de Bourbon avec une progression, des planches, des explications claires. Ce ne sont pas des ouvrages de dédicace, ni provenant de courtisans cherchant un emploi ou une prébende. De ce fait, copiés et recopiés, ces ouvrages contribuent à la pédagogie des sciences. Tout l'honneur en reviendrait au prince de Condé qui, comme le dit Santeuil dans un texte publié en 1684 dans le *Journal des Savants*, a déposé les armes de ses ancêtres pour faire usage de sa vertu, « ces armes dont l'amas donne encore de l'horreur à ceux qui entrent dans le Cabinet des armes de Chantilly, mais dont il n'eut jamais besoin pour sa deffense & que la seule vertu luy a toujours tenu lieu de casque, de cuirasse ».

## L'éducation de Louis-Henri, duc de Bourbon, après 1695

L'éducation de la génération suivante conforte l'importance donnée aux sciences mais elle n'est pas documentée de façon comparable. Louis-Henri, duc de Bourbon né en 1692, est élevé à la cour à Paris et à Chantilly par des précepteurs domestiques, des jésuites peu connus, les pères Dumontier et Guénot. À défaut de lettres quotidiennes, on dispose essentiellement d'un projet d'éducation inédit qui évalue les objectifs, les buts et les contenus[30]. Dès l'introduction de ce projet d'éducation, les objectifs sont définis : « Le devoir de l'éducation est de former l'esprit et le cœur. » Il s'agit d'appliquer la démarche cartésienne dans l'éducation mais également dans la vie courante : « connaître les causes et distinguer les erreurs. »

Après avoir examiné les autres disciplines nécessaires à une telle éducation, comme l'histoire, la religion, l'éloquence, la poésie, le projet prévoit l'étude de la physique et des mathématiques. L'étude des sciences a une utilité pratique avec des applications dans la vie courante :

> « Quoyque la Physique ne paroisse devoir estre mise qu'au nombre des sciences curieuses, elle ne laisse pas d'avoir son utilité même à l'égard des princes et des personnes du premier rang parce qu'elle contient de l'astronomie, des mécaniques, de la médecine, etc., et qu'elle peut par conséquent les précautionner contre les illusions de l'astrologie judiciaire, les tirer d'une trop grande dépendance des médecins, et les rendre capables d'entendre les arts nécessaires à la vie, outre qu'elle peut les conduire à des réflexions très importantes sur la religion. Quoy, par exemple, de plus propre à donner une idée sublime de la divinité et de la sagesse du créateur que la considération de la mecchanique admirable qui paroist dans la construction des animaux et le spectacle magnifique de la grandeur de la beauté de la lumière et du nombre des corps célestes et de la proportion de la justesse de la perpétuité de leurs mouvements ? »

L'étude des sciences est nécessaire pour les vertus qu'elle développe :

> « Outre que les mathématiques renferment les fondemens de presque toutes les sciences, elles donnent à l'esprit de l'ordre, de l'étendue, de la netteté, de la pénétration et de l'exactitude, elles accoutument à suivre un raisonnement aussy loin qu'il peut s'étendre, à ne se pas rebuter de la multiplicité des choses qu'il faut examiner et à ne point se contenter qu'il n'en ait connu tous les rapports avec évidence et avec certitude, elles le rendent capables de s'appliquer avec facilité aux sciences abstraites de manière que dans la suite l'attention qu'il doit donner aux connoissances sensibles et aux affaires qui regardent le commerce de la vie luy coûtera beaucoup moins. »

Cette réflexion sur l'usage intellectuel des études scientifiques est inédite et finalement très moderne en cette extrême fin de XVII^e siècle. De plus, si l'on en croit cette rare institution du prince rédigée sous le contrôle du prince de Condé, une transition importante en ce qui concerne la conception même du prince a eu lieu : ce n'est pas parce qu'il est né prince qu'il a des vertus supérieures. C'est bien par l'enseignement de disciplines variées qu'il peut prétendre à être supérieur. Et ces savoirs, parmi lesquels se trouvent la physique et les mathématiques, contribuent à façonner son identité de prince et développent en lui des compétences à organiser son raisonnement, à structurer ses connaissances, à s'appliquer aux tâches du métier de prince. Dans aucun autre projet antérieur d'éducation princière ou royale, si ce n'est dans celui de Philippe d'Orléans, la physique n'avait trouvé une telle place.

Si le cartésianisme était encore discuté au moment de l'éducation de son père, il paraît acquis dans ce projet de 1695 : « luy faire sentir la stérilité de l'ancienne physique et l'utilité de nouvelles découvertes pour le perfection des arts. » Le cartésianisme est intégré dans le savoir princier une dizaine d'années avant que ne le fassent les collèges jésuites. En 1706, la philosophie de Descartes et de Gassendi dans les collèges de la Province de Lyon était encore dénoncée même si certains professeurs s'en arrangeaient[31].

Pour cet enseignement, on prévoit de faire lire au prince de Bourbon les ouvrages récents et diffusés dans le public :

> « afin de luy rendre agréable l'entrée de cette science, il sera bon de le faire commencer par la lecture de la *pluralité des mondes* de M. de Fontenelle. Ce livre en le divertissant luy donnera une connaissance suffisante des différents systèmes du monde. Ensuite on luy présentera le *traité de Physique* de Rohault et les expériences des modernes entr'autres, celles qui sont contenues dans les *Mémoires de l'Académie des sciences.* »

La démarche est différente de celle utilisée auprès des princes royaux. Ces princes destinés à régner doivent acquérir un savoir particulier qui ne peut se trouver dans des ouvrages généraux. Par conséquent, des ouvrages spécifiques ont été rédigés pour leur usage unique, souvent par leur précepteur (Fénelon) ou les maîtres (Blondel, Puységur, Sauveur), ouvrages qui ne furent imprimés que plus d'une vingtaine d'années après la fin de l'éducation. Ce n'est plus, semble-t-il, le cas chez les Condé dont le projet éducatif de 1695 préconise pour l'enseignement d'un enfant d'une dizaine d'années, rappelons-le, l'utilisation des ouvrages scientifiques récents destinés au public. L'introduction de la science auprès d'un enfant doit se faire de façon

« agréable », par la lecture de ce livre précieux pour la diffusion des sciences, la *Pluralité des mondes* de Fontenelle publié en 1686.

> « Pour ce qui est des éléments on luy donnera ceux de M. Arnaud[32] avec ceux de Monseigneur le duc de Bourgogne[33] et à l'égard des fortifications, *l'Art de fortifier selon la méthode de M. de Vauban*[34] et *le traité du chevalier de Ville*[35] luy suffiront ; pour les mécanismes, on pourra prendre le père Pardies.[36] »

Le duc de Bourbon utilise les ouvrages scientifiques récemment imprimés afin de rivaliser avec ses cousins royaux.

On prévoir d'utiliser pour lui l'ouvrage du troisième grand mathématicien employé auprès des princes royaux, Nicolas de Malézieu (1650-1729). Celui-ci commença à enseigner les mathématiques au duc de Bourgogne (14 ans) au moment où Fénelon partit à Cambrai. Il apparaît nettement que ce traité de géométrie, à peine rédigé, circule déjà sous forme manuscrite et que sa clarté contribue à sa réputation parmi les précepteurs princiers.

Cependant en 1695, la physique est présentée comme appartenant au domaine des *sciences curieuses*, c'est-à-dire une science utile pour développer la curiosité, l'imagination. Elle doit rester pour le prince une connaissance gratuite :

> « il suffira *que le prince ait une teinture des mathématiques* et qu'il sache *seulement* l'arithmétique, les éléments de géométrie, les mécaniques et les fortifications [...] *Il doit se contenter du nécessaire* et laisser aux curieux et à ceux qui font profession de ces sortes de sciences la gloire d'en posséder toutes les parties avec la dernière exactitude. »

Physique et mathématiques sont considérées par le prince comme un art d'agrément dont il ne peut ignorer les fondements mais qu'il n'approfondit pas. En 1695, l'enseignement princier des sciences a désormais défini les limites de son contenu.

* * *

Les princes de Bourbon-Condé ont suivi un enseignement scientifique d'une durée supérieure à quatre ans sur une éducation qui en compte douze environ. C'est donc beaucoup plus que les deux années de Philosophie qui parachèvent les Humanités dans les collèges. Ils ont assisté à la demande du prince de Condé à des expériences scientifiques connues mais qui ont contribué à faire entrer la pratique expérimentale dans l'enseignement. En parallèle, ils continuent d'apprendre l'histoire des systèmes, l'évolution des explications et des causes avec des auteurs de l'Antiquité jusqu'à ceux du XVIIe siècle.

Suivant ce qui se passe dans les collèges à la même époque, la philosophie se sépare de la physique. L'examen des doctrines cartésiennes, atomistes est intégré dès 1682 dans l'enseignement de Condé. En cela, leurs précepteurs anticipent d'une bonne dizaine d'années la transition entre la scolastique et la physique nouvelle dans les collèges.

Loin d'être périphérique, cette étude des préceptorats princiers est incluse dans une dimension éducative publique et mondaine. Elle révèle des enjeux nouveaux de la socialisation et de la politisation des savoirs. Selon des chronologies qui peuvent être saisies avec précision, la science sort des ateliers de fabricants d'objets scientifiques et de l'Académie royale des sciences. Elle circule désormais dans des espaces qui ne lui sont plus exclusivement réservés. Dans les collèges, la science s'impose comme un savoir nouveau dont les acteurs, comme le prince de Condé, favorisent et financent la pratique expérimentale. Pour le grand dauphin en position d'hériter du trône, son rôle d'arbitre, d'expert, valide une expérience souvent non reproductible et le place plutôt dans une posture politique. Pour ces princes de Condé qui voient s'éloigner la perspective du pouvoir, la science et les expériences deviennent un élément de connaissance indispensable pour leur utilité pratique et les qualités intellectuelles qu'elles développent. À l'inverse des princes royaux (Dauphin, Bourgogne) qui bénéficient de savoirs identitaires leur étant réservés, les Condé s'instruisent aux sources d'un savoir commun et public basé sur des conférences parisiennes et des ouvrages généraux. Cet enseignement se déroule également dans des cercles mondains ou des cabinets privés, touchant ainsi quelques jeunes filles nobles qui deviendront passionnées.

Dans l'histoire sociale des milieux intellectuels, l'académie Bourdelot et l'enseignement des princes de Bourbon ont une place particulière. Le prince de Condé tenait à disposer de ces deux types d'institutions du savoir qui furent actives sur une durée dépassant le demi-siècle et participèrent ainsi au renouvellement de l'histoire des savoirs. S'appuyant sur ces deux institutions, le prince de Condé a permis le passage d'un savoir académique à un savoir scolaire.

## Notes

1. René Pintard, « Autour de Pascal, l'académie Bourdelot et le problème du vide », dans *Mélanges d'histoire littéraire offerts à Daniel Mornet, professeur honoraire de la Sorbonne par ses anciens collègues et ses disciples français*, Paris, Nizet, 1951, p. 73-81 ; Katia Béguin, « Un mécénat culturel au grand siècle : Condé et l'Académie Bourdelot », dans Congrès national des sociétés historiques et scientifiques, *Mécènes et collectionneur. Vol. 1 : les variantes d'une passion. Actes du 121e Congrès*, Paris, CTHS, 1999, p. 84 et suiv.
2. *Conversations de Monsieur l'Abbé Bourdelot, Contenant diverses Recherches, Observations, Expériences, & Raisonnements de Physique, Médecine, Chymie, & Mathématiques. Le tout recueilli par le Sr LE GALLOIS, Et le Parallèle de la Physique d'Aristote & de celle de Monsieur Descartes, lu dans ladite Académie*, Paris, Thomas Moette, 1672.
3. Après la mort de Descartes, Jacques Rohault a publié deux ouvrages : le *Traité de Physique* en janvier 1671 et les *Entretiens sur la philosophie* en décembre 1671, qui font de lui le continuateur du cartésianisme. Cet ouvrage est l'élément décisif de la diffusion de la science cartésienne dans les salons.
4. Edme Mariotte, *Traité du mouvement des eaux et des autres corps fluides, mis en lumière par les soins de M. de La Hire*, 1686.
5. Isaac Martineau (1640-1720), jésuite, professeur de philosophie au collège Louis-le-Grand, devient ensuite confesseur du duc de Bourgogne. Le R.P. Isaac Martineau, *Oraison funèbre de très haut et très puissant prince, Louis de Bourbon, prince de Condé, premier prince du sang, prononcée dans l'église du collège de la Compagnie de Jésus à Bourges*, Paris, A. Cramoisy, 1687.
6. Archives de Chantilly (désormais AC) manuscrit 303-306.
7. AC P XCIV f 96.
8. AC P XCIV f 200.
9. *Journal des savants*, janvier 1684.
10. AC P XCIV f 308.
11. AC P XCIV *id.*
12. Blaise Pascal, *Traité de l'équilibre des Liqueurs et de la Pesanteur de la Masse de l'Air. Œuvres complètes*, Charles Lahure, Perier Gilberte, 1663, p. 310 : « Lorsque je mis au jour mon Abrégé sous ce titre : Expériences nouvelles touchant le vide, etc., où j'avois employé la maxime de l'horreur du vide, parce qu'elle étoit universellement reçue, et que je n'avois point encore de preuves convaincantes du contraire, il me resta quelques difficultés qui me firent défier de la vérité de cette maxime, pour l'éclaircissement desquelles je méditais dès lors l'expérience dont je fais voir ici le récit, qui pouvoit me donner une parfaite connoissance de ce que je devois en croire. Je l'ai nommée la grande Expérience de l'Équilibre des liqueurs, parce qu'elle est la plus démonstrative de toutes celles qui peuvent être faites sur ce sujet, en ce qu'elle fait voir l'équilibre de l'air avec le vif-argent, qui sont, l'un la plus légère, et l'autre la plus pesante de toutes les liqueurs qui sont connues dans la nature […] Certainement, après cette expérience, il y avoit lieu de se persuader que ce n'est pas l'horreur du vide, comme nous estimons, qui cause la suspension du vif-argent dans l'expérience ordinaire, mais bien la pesanteur et pression de l'air, qui contre-balance la pesanteur du vif-argent. »

13. François Blondel, *L'art de jeter des bombes,* 1683, p. 416-417, p. 423, p. 490 (éd. La Haye, 1685). Jean-Baptiste Denis (éd.), *Recueil des mémoires et conférences qui ont esté présentées à Monseigneur le Dauphin,* Paris, Léonard, 1672-74.

14. François Blondel, *L'art de jeter des bombes, op. cit.*

15. AC P XCIV f 358.

16. D'après une lettre du 25 septembre 1684 insérée dans le *Mercure Galant,* « le P. Couplet et un jeune Chinois qu'il amenait en Europe [au moment de la réforme du calendrier chinois] allèrent le 15 de ce mois saluer le Roi à Versailles, et le lendemain assistèrent au dîner du Roi » qui lui demanda de montrer le maniement des baguettes. (p. 213-d). La seconde visite est celle qu'ils font chez M. Hubin : « Ils allèrent ensuite chez M. Hubin, Emailleur du Roy voir des expériences par le vide. Il s'y trouvait une société illustre. » (p. 216-217).

17. « Nous nous servîmes d'un tuyau de 40 pouces, que je fis remplir de mercure jusqu'à 27 pouces et demi, afin qu'il y eût 12 pouces et demi d'air, et que, étant plongé de 1 pouce dans le mercure du vaisseau, il y eut 39 pouces de reste, pour contenir 14 pouces de mercure et 25 pouces d'air dilaté au double. Je ne fus point trompé dans mon attente ; car le bout du tuyau renversé étant plongé dans le mercure du vaisseau, celui du tuyau descendit, et, après quelques balancements, il s'arrêta à 14 pouces de hauteur et par conséquent l'air enfermé, qui occupait alors 25 pouces, était dilaté du double de celui qu'on y avait enfermé, qui n'occupait que 12 pouces et demi. » E. Mariotte, *De la Nature de l'air,* La Haye, 1740.

18. AC P XCV f 9-10. Cette notion de « l'élasticité de l'air » est présente dès décembre 1648 dans la dissertation que rédige Gassendi après avoir pris connaissance des résultats de cette expérience de Blaise Pascal, le *De facto novo circa inane experimento.* Gassendi distingue poids et pression plus nettement que Pascal. La conception atomiste de la matière permet alors à Gassendi de donner une explication théorique de la compressibilité de l'air et finalement d'émettre l'idée de l'élasticité de la pression de l'air qu'il réfléchira ensuite avec la métaphore du ressort, cette même métaphore qui sera reprise plus tard par Boyle et Mariotte en 1660 et 1676. La dilatation instantanée que produirait la « vertu élastique de l'air » est une expression de Mariotte.

19. AC P XCV f 63. Lettre de Louis de Bourbon au prince de Condé.

20. AC P XCVI f 110.

21. AC P XCIV f 96, 7 janvier 1684.

22. On cite souvent l'exemple suivant : « En 1667, Margaret Cavendish, duchesse de Newcastle est probablement la première femme à avoir été admise à une réunion de la Royal Society », selon *Le journal de Pepys,* cité dans Steven Shapin, Simon Schaffer, *Léviathan et la pompe à air. Hobbes et Boyle entre science et politique,* traduit par Thierry Piélat et Sylvie Barjansky, Paris, 1993, p. 37 (1re éd. en anglais 1985).

23. AC P XCV f 9-10.

24. *Principia philosophiae. Les Principes de la philosophie, Escrits en latin, par René Descartes. Et traduits en françois par un de ses amis,* trad. par Claude Clerselier, 1679 (4e éd. 1681).

25. Si l'ouvrage de Sauveur destiné au duc de Bourbon n'a pas été retrouvé, ceux destinés aux princes suivants sont conservés : *Elemens de géométrie à l'usage des enfants de France* par M. Sauveur (Bibliothèque de l'École militaire RES 49) ; *Elemens de géométrie par M. Sauveur, Professeur Royal maître de Mathématiques de Messeigneurs les Ducs de Bourgogne, d'Anjou et de Berry. De l'Académie Royale des Sciences, Examinateur des Ingénieurs de France,* in-4°, 265 pages manuscrites et 55

planches gravées dépliantes ; *Géométrie élémentaire et pratique de feu Joseph Sauveur, revue et corrigée par M. Le Blond, contenants les Éléments de géométrie avec figures...*, Paris, Rollin, 1753.

26. *Géométrie élémentaire et pratique de feu M. Sauveur, op. cit.* : Avertissement.

27. *Ibid.* [Pl. XV dépl. à la fin du volume : architecture fortifiée] Sistème du Chevalier de Ville. Sistème du Comte de Pagan.

28. François Nicolas Blondel (1618-1686) publie le *Cours de mathématiques* le 31 janvier 1683 alors que le manuscrit était prêt dès avril 1678. Cf. F. Blondel, *Cours de mathématiques contenant divers traitez composez et enseignez à Monseigneur le dauphin,* Paris, Langlois, 1683, 2 volumes. L'exemplaire du dauphin à ses armes se trouve à la réserve de la Bibliothèque nationale de France.

29. Nicolas de Malézieu, *Élémens de géométrie de Monsieur le duc de Bourgogne,* Trévoux et Jean Boudot, imprimeur ordinaire du roi et de l'Académie royale des sciences, 1705.

30. AC manuscrit 317, composé vers 1695 pour Louis Henri, futur Monsieur le duc, *Projet d'éducation pour un jeune prince, idée générale de l'éducation et des desseins de cet écrit.* Tous les extraits suivants sont tirés de ce texte.

31. François de Dainville, « L'enseignement des sciences chez les Jésuites », dans René Taton (dir.), *Enseignement et diffusion des sciences au XVIII^e^ siècle,* Paris, Hermann, 1964, p. 45.

32. Antoine Arnaud, *Nouveaux Éléments de géométrie,* Paris, C. Savreux, 1667 (rééd. G. Desprez, 1683).

33. Le texte de 1695 ne cite pas le titre car l'ouvrage n'est publié qu'après l'éducation de Bourgogne : *Élémens de géométrie de Monsieur le duc de Bourgogne, op. cit.* Cette première édition ne comporte pas le nom de Malézieu dans le titre, ni son nom dans la dédicace : « Vous y reconnaîtrez les premiers éléments de géométrie que vous dressiez dans un âge tendre, sous le yeux d'une personne de mérite reconnu, qui ne pouvoit assez admirer la facilité que vous aviez à pénétrer les principes d'une science aussi abstraite que celle-là et à en tirer les conséquences. » Le privilège d'imprimer est donné le 11 août 1699, date à laquelle Malézieu quitte le duc de Bourgogne après l'affaire du quiétisme.

34. Blaise-François de Pagan, *Les Fortifications du Cte de Pagan. Nouvelle édition... avec des notes sur le texte et des éclaircissemens... et la manière de fortifier de M. de Vauban*, Paris, N. Langlois, 1689. En 1704 seulement, Vauban rédige le *Traité de l'attaque des places présenté à Mgr de Bourgogne par M. de Vauban*, sans rédiger un traité de fortification.

35. Chevalier de la Ville, *Les Fortifications du chevalier Antoine de Ville, contenans la manière de fortifier toute sorte de places... avec l'ataque et les moyens de prendre les places... plus la défense,* Lyon, 1636.

36. Le cartésien père Pardies (1636-1673) est membre de l'académie Bourdelot et enseigne au collège de Clermont. Père Pardies, *La Statique, ou la Science de forces mouvantes,* Séb. Mabre-Cramoisy, 1673. Cet ouvrage est la suite du *Discours sur le mouvement local* de 1670 et ces deux opuscules faisaient partie d'un traité complet de mécanique que l'auteur n'eut pas le temps de terminer. Père Pardies, *Éléments de géométrie,* 1674. La clarté est le mérite principal de cet ouvrage.

# Chapitre 2

# L'enseignement scientifique et technique au XVIIIe siècle dans les écoles des Gardes de la Marine : le rôle essentiel d'Étienne Bézout (1730-1783)

**Liliane Alfonsi**

Le 10 février 1763, la France signe le Traité de Paris qui, mettant fin à la guerre de Sept ans, abandonne aux Anglais toutes les possessions françaises d'Asie et d'Amérique du Nord, le Sénégal et toutes les Antilles, sauf Saint-Domingue. La guerre de Sept ans se termine donc par une capitulation désastreuse.

Débutée le 9 juin 1756, elle montra de façon indéniable l'infériorité de la Marine française, contrainte à la défensive, face aux Anglais. Ceux-ci, non contents d'intercepter et d'anéantir des transports de troupes vers le Canada et les Antilles, réussirent à débarquer en France continentale et à s'emparer de plusieurs ports : 1757, les Anglais occupent l'île d'Aix pendant 8 jours ; 1758, ils débarquent à Saint-Cast, à nouveau à l'île d'Aix, prennent Cancale et occupent Cherbourg pendant plus d'un mois. Cette situation explique la réponse de Berryer, ministre de la Marine, aux demandes de secours de Montcalm pour le Canada : « Monsieur, quand le feu est à la maison, on ne s'occupe pas des écuries.[1] » Et, de fait, en juin 1759, les Anglais envahirent la Nouvelle-France et assiégèrent Québec qui capitula en septembre. Après une première défaite à Lagos en août 1759, la flotte française fut détruite par les Anglais à la bataille des Cardinaux, du 20 au 22 novembre 1759.

Le constat de 1763 – l'incapacité de la flotte à vaincre et sa destruction finale d'une part, l'indiscipline et les erreurs des commandants de vaisseaux d'autre part – rend alors indispensable la réorganisation de la Marine royale française et des études de ses officiers. C'est au duc de Choiseul, ministre de la Marine depuis 1761, qu'incombe cette lourde tâche, et c'est lui qui va choisir Étienne Bézout pour la réforme des écoles des futurs officiers, les Gardes du Pavillon et de la Marine.

En étudiant les différentes facettes du rôle de Bézout, on peut ainsi comprendre la nouvelle organisation et les nouveaux contenus choisis par ce dernier pour l'enseignement scientifique et technique des Gardes de la Marine. C'est aussi à travers son personnage – milieu social, formation, personnalité –, que nous pourrons mieux saisir les raisons du choix du duc de Choiseul et des changements introduits par Bézout.

## Les écoles des Gardes du Pavillon et de la Marine

Les écoles des Gardes du Pavillon et de la Marine, créées par l'ordonnance du 15 avril 1689 dans les trois ports de Brest, Toulon et Rochefort, auraient dû avoir un bon niveau scientifique puisque le programme d'enseignement comportait l'arithmétique, la géométrie, l'étude de la sphère, la connaissance du compas, des instruments astronomiques et de leur usage. Mais, comme le niveau des cours, l'indulgence dans l'attribution des grades dépendait du port dans lequel l'élève était placé et de son ancienneté, l'entrée dans les écoles ayant lieu sans examen de même que l'avancement dans les différentes classes. De ce fait, comme l'a souligné Roger Hahn, « ce qui en principe aurait dû aboutir à un enseignement scientifique avancé, ne mena en fait qu'à un résultat médiocre. Les archives sont remplies de rapports se plaignant de la disparité entre le texte des ordonnances et leur application[2] » : insuffisance des locaux, manque de cours imprimés et d'instruments nautiques, trop grande hétérogénéité des connaissances selon les ports où le maître local enseigne à sa guise, manque de discipline, « des maîtres qui louent leurs élèves pour faire croire à leur propre compétence pédagogique, des officiers qui couvrent les désordres des gardes pour montrer que leur autorité n'est point bafouée, des lettres adressées à la Cour qui masquent la réalité car elles sont destinées à soutirer des subsides au Roi [...] sont autant de facteurs qui nuisent au système[3] ».

Par ailleurs, deux conceptions s'affrontent dans la Marine : l'une donne la plus grande importance aux études théoriques, l'autre valorise seulement l'expérience pratique acquise par les séjours en mer. Ce débat, clairement exprimé depuis 1749, revient avec force après la défaite de 1763. Certains, citant les marins d'autrefois, Jean Bart, Abraham Duquesne, vainqueurs sans avoir fait d'études, voient dans le manque de pratique des officiers la cause de la défaite, tandis que d'autres incriminent leur incapacité théorique.

Sous l'influence de Sébastien Bigot de Morogues, directeur de l'Académie de Marine, Choiseul prend le parti des théoriciens et envoie un académicien des sciences, Étienne Bézout, dès le mois de mars 1764 à l'école de Brest[4] pour étudier la mise en place d'une nouvelle organisation. Cette étude aboutira à l' « Ordonnance du Roi concernant les Gardes du Pavillon et de la Marine » du 14 septembre 1764, dont voici les passages les plus innovants :

> « Il sera composé, par ordre de sa majesté, un cours d'élémens des différentes sciences qui conviennent au service de la marine ; cet ouvrage sera commun aux 3 ports, il servira de point fixe aux examens que sa majesté se propose d'établir.
> Ces élémens seront divisés en 3 parties, chaque compagnie sera divisée en 3 classes, les nouveaux gardes seront obligés d'apprendre la première partie de cet ouvrage et formeront la plus basse classe. Ils passeront ensuite à l'étude de la deuxième partie et formeront la deuxième classe. Ceux qui étudieront la troisième partie formeront la dernière et la plus haute classe.
> Veut Sa Majesté que l'ancienneté ne soit de nulle considération dans la formation des trois classes, le temps d'y rester ne sera point fixé, la seule règle pour passer d'une classe à l'autre, sera d'en avoir été jugé capable.
> Défend Sa Majesté qu'aucun nouveau garde ne soit embarqué, s'il n'a fait le cours d'études de la plus basse classe, et mérité après un examen de passer dans la seconde.
> Il sera envoyé chaque année, par ordre de Sa Majesté, un examinateur pour interroger les gardes de chaque classe. Cet examen sera fait publiquement en présence des commandants des ports et des commandants de chaque compagnie.
> Lorsque l'examen sera fini […] l'examinateur remettra à son retour, une liste dans laquelle il sera fait mention du degré de capacité qu'il aura reconnu à chaque garde examiné.
> Quoique Sa Majesté veuille bien avoir égard, pour les avancements, à l'ancienneté des services des gardes, elle donnera cependant la préférence à ceux dont l'application et les connaissances auront été constatées par l'examen.
> Si un garde après avoir été examiné sur le cours entier d'étude d'obligation doit être fait enseigne de vaisseau, il faudra que l'examinateur en fasse une note.[5] »

Comme on le voit, l'ordonnance établit le rôle fondamental des études théoriques pour les officiers de la Marine, l'organisation en trois classes, l'importance de l'examen et de l'examinateur et elle affirme le principe de l'avancement au mérite et non à l'ancienneté.

La personne chargée de composer « un cours d'élémens des différentes sciences qui conviennent au service de la marine » et l'examinateur qui « sera envoyé chaque année pour interroger les gardes de chaque classe » ne sont qu'un seul et même homme, Étienne Bézout. C'est le 30 septembre 1764 qu'un avis de son cabinet conseille Choiseul sur le choix de l'examinateur :

> « On ne voit personne qui puisse mieux remplir cet objet que M. Bézout de l'Académie Royale des Sciences que Monseigneur a chargé de faire le traité d'études à l'usage des Gardes de la Marine et a déjà envoyé à Brest pour prendre connaissance

> de l'instruction des Gardes[6]. Il réunit toutes les qualités nécessaires pour faire solidement et impartialement cet examen ; l'on propose à Monseigneur de l'établir Examinateur des Écoles et de lui régler 2 400 livres d'appointements par an à commencer du 1er octobre prochain.[7] »

Bézout est effectivement nommé le 1er octobre 1764.

Pourquoi est-il choisi ? Tout d'abord il est, en 1764, un jeune savant reconnu, membre de l'Académie des Sciences, et un maître de mathématiques chargé de famille et peu fortuné, car « il manque de moyens, n'ayant d'autre revenu que celui qu'il retire des écoliers auxquels il enseigne à Paris[8] ». Choiseul, qui veut uniformiser l'enseignement dans les écoles des Gardes en leur donnant un haut niveau mathématique, s'inspire pour cela des écoles du Génie et de l'Artillerie[9] qui avaient un examinateur académicien et géomètre. Il cherche donc un académicien dont la spécialité soit les mathématiques. Il sait aussi que seul un jeune savant sans fortune peut assumer et accepter une responsabilité épuisante et prenante, qui lui laissera peu de temps pour ses travaux de recherche : Bézout répond à tous ces critères.

## Le rôle d'Étienne Bézout

### Un cours novateur et ambitieux

La première tâche d'Étienne Bézout est d'écrire un cours. L'*Arithmétique*, première partie en un volume du *Cours de Mathématiques à l'usage des Gardes du Pavillon et de la Marine*, est prête dès novembre 1764.

Les autres parties suivront à un rythme à peu près annuel :

- deuxième partie en avril 1765, *Élémens de Géométrie, la Trigonométrie rectiligne & la Trigonométrie sphérique* ;
- troisième partie en janvier 1766, *Algèbre & application de cette science à l'Arithmétique & la Géométrie* ;
- quatrième partie en deux volumes, en novembre 1767, *Principes généraux de la Méchanique, précédés des Principes de Calcul qui servent d'introduction aux sciences Physico-Mathématiques*, et *Application des Principes généraux de la Méchanique, à différents cas de Mouvement & d'Équilibre* ;
- cinquième partie en décembre 1769, *Traité de Navigation.*

En quoi ce cours est-il novateur ? Il l'est d'abord par son contenu. Sans parler du dernier volume, spécifique à la Marine, les quatre premières parties constituent, en 1767, le cours de mathématiques générales le plus complet qui ait jamais été publié. Bézout a ajouté le calcul différentiel et intégral aux trois parties généralement abordées jusque-là, arithmétique, algèbre et géométrie. De plus il n'y avait pas de mathématiques appliquées dans les cours de mathématiques, si ce n'est parfois la statique abordée de façon descriptive. Bézout, lui, étudie la statique, la dynamique et la mécanique des fluides, en utilisant différentielles et intégrales.

Ce cours est aussi novateur par son haut niveau en algèbre aussi bien qu'en dynamique, mécanique des fluides et navigation.

Techniquement, Bézout fait part des dernières avancées auxquelles il participe. Deux exemples : il décrit une lunette astronomique qu'il a lui-même testée en mars 1767[10] pour des améliorations dans le calcul de la longitude ; il calcule une table des erreurs qu'occasionnent les miroirs dans l'octant, et s'il l'annonce en octobre 1769 à l'Académie de Marine de Brest[11] dont il fait partie, c'est dans son *Traité de Navigation* qu'il la publiera.

Mais c'est son volume d'algèbre de 1766, partie la plus atypique de son cours, qui est le plus caractéristique de la réciprocité du lien enseignement-recherche chez Bézout. D'une part, ses recherches récentes (mémoires académiques de 1764 et 1765) y figurent et elles en élèvent par-là même le niveau bien au-dessus de celui d'un cours classique. D'autre part, la volonté d'inscrire ses travaux dans son cours a obligé l'auteur à les reprendre et à aboutir, non seulement à des améliorations notables, mais aussi à une méthode, celle du Bézoutien (appellation actuelle), qu'il n'avait pas réussi à mettre au point dans son mémoire de 1764[12]. Bézout, là aussi, publie ce résultat dans son *Algèbre*, manuel d'enseignement, au lieu d'en donner la primeur à une publication académique[13].

Enfin, son cours est novateur par sa présentation matérielle distinguant explicitement par la grosseur des caractères, résultats de base et approfondissements, ce qui n'avait jamais été fait jusque là. En permettant une lecture de ses livres à plusieurs niveaux, cette présentation les adapte au débutant comme à l'initié et élargit le public des lecteurs.

## Imposer une nouvelle organisation

Tout semble en place le 1^er^ octobre 1764, mais l'école de Toulon envoie le 20 octobre deux mémoires[14] pour contester l'ordonnance du 14 septembre. L'un demande une organisation en cinq classes au lieu de trois et conteste l'indépendance, prévue par l'ordonnance, des maîtres de mathématiques par rapport au commandement militaire. L'autre prétend que le cours enseigné à Toulon ne doit pas être changé et voudrait qu'on le fasse étudier dans les trois ports ; il propose aussi, pour ne pas travailler en classe entière, de ne garder à chaque heure qu'une petite partie des élèves et de renvoyer les autres dans leur chambre.

Bézout répond aux objections en janvier 1765 en affirmant son but : faire progresser la majorité des élèves et lutter contre l'élitisme.

« Ce n'est pas sur quelques sujets rares que l'attention doit se porter ; ce n'est pas non plus sur ceux dont on a peu à espérer ; c'est sur le grand nombre, c'est sur ceux de la force moyenne. Après donc avoir rassemblé dans une même classe, non pas les sujets d'une même capacité, ce n'est pas là l'objet, mais bien tous ceux dont les connoissances sont renfermées dans les mêmes limites, il faut fixer pour comprendre les matières assignées à cette classe, un tems tel qu'on doit l'accorder aux sujets de capacité moyenne [...] L'instruction doit être la plus générale qu'il est possible et les maîtres ne doivent pas avoir la liberté de la restreindre.[15] »

Il entre même dans les détails d'organisation en rédigeant l'emploi du temps ci-dessous[16] :

| | Matin | Soir |
|---|---|---|
| Basse classe | 2 h mathématiques<br>1 h dessin | 1 h dessin<br>1 h danse ou escrime<br>1 h à la volonté du Commandant |
| Seconde classe | 1 h mathématiques<br>1 h dessin<br>1 h pilotage | 1 h manœuvre et canonnage<br>1 h construction<br>1 h mathématiques |
| Haute classe | 1 h dessin<br>1 h mathématiques<br>1 h pilotage | 1 h construction<br>1 h manœuvre et canonnage<br>1 h mathématiques |

Cette réponse montre que le rôle d' « examinateur » de Bézout comprend aussi la responsabilité de l'organisation matérielle et pédagogique des études et que son cours, comprenant les mathématiques et le pilotage, couvre la totalité des études théoriques des Gardes. Il a donc l'entière responsabilité de la réforme et il va en définir tous les aspects.

L'*Arithmétique* est envoyée dans les trois ports en janvier 1765 et l'école de Toulon reprend ses doléances. Bézout dans sa réponse montre le sérieux de sa réflexion didactique :

« [On] blâme la disposition qui prescrit que les gardes seront occupés le matin pendant 3 heures partagées entre les mathématiques, le dessein et le pilotage ; mais on n'y donne d'autre raison, sinon que ces études sont trop sérieuses pour des jeunes gens. Nous ajouterons aux fortes raisons qu'on a eues de proposer ainsi les choses,

> 1°) que le dessein amuse le plus grand nombre ; l'expérience démontre journellement que les plus bornés y ont souvent des succès capables d'humilier les plus intelligents. 2°) que le soin qu'on a eu de n'admettre à l'étude du pilotage, que ceux qui auraient déjà fait les études de basse classe, fait de cette partie un objet de délassement et d'amusement, puisque c'est une application continuelle et facile des principes dont on est alors imbu. Si on donnait, comme on l'a fait par le passé, le pilotage avant ou conjointement avec les études qu'il suppose, il n'y a pas de doute qu'il ne devint une étude, non seulement sérieuse, mais même rebutante : mais on a pourvu à ce qu'il n'en soit pas ainsi.[17] »

Il insiste sur la liberté et l'indépendance des enseignants par rapport aux militaires :

> « Le premier maître avertira le matin lorsqu'il transposera l'heure de sa leçon [mathématiques avec pilotage]. [On] semble vouloir que ce soit le commandant qu'on en prévienne : [...] pourvu que prévenir ne soit pas demander permission[18] car il y a grande apparence que la prérogative du premier maître deviendrait bientôt une chimère. [...] Exiger qu'il demande la permission du commandant, autant vaudrait exiger qu'il demanda aussi la permission d'être premier maître. »

Et il continue avec malice :

> « [On] prétend qu'on borne trop l'authorité du commandant [...] mais on ne fait pas voir quel mal il peut en résulter.[19] »

Les examens commencent en 1766 comme l'indique en janvier une lettre de Choiseul aux commandants des trois ports, qui affirme la prédominance de Bézout dans tous les domaines :

> « Les études des Gardes du Pavillon et de la Marine devant actuellement avoir pris une forme constante et solide, et tous les gardes [...] devant être instruits des matières qui comportent le 1^er et le 2^nd volumes du traité des mathématiques [...] j'ay pensé que c'était le moment de faire commencer les fonctions de l'examinateur [...] Lorsque l'examinateur sera arrivé, il doit commencer et finir ses examens aussitôt qu'il le pourra sans être tenu de les suspendre pour raison d'absence de quelque commandant [...], et la forme de ses examens ainsi que les objets sur lesquels les questions doivent rouler doit être absolument libre et à son choix, sans que sur le tout les commandants ayent rien à lui prescrire, l'objet de leur présence n'étant que

relatif à la police et discipline des gardes [...] M. Bézout examinera aussi si les leçons sont bien distribuées, si chaque garde est dans la classe où il convient qu'il soit, si chaque maître remplit bien son objet et fera aux commandants des compagnies ainsi qu'aux maîtres les observations s'il en trouve à faire, sur ce qui paroitroit préjudiciable au progrès des études [...] Je vous prie de lui marquer les égards personnels que sa mission exige et qu'il mérite d'ailleurs par la célébrité de ses talens.[20] »

Pendant sa tournée d'examen, Bézout décide des travaux à effectuer dans les écoles. Ainsi, il fait refaire les salles de Rochefort dont le mauvais isolement créait une gêne mutuelle des cours[21]. Il profite aussi de ces séjours dans les ports pour « faire diverses observations et expériences sur la méchanique et l'hydraulique ainsi que sur d'autres parties intéressantes de la marine[22] », dont il se servira dans ses cours comme on l'a vu plus haut. Mais Bézout constate que la réforme est mal acceptée : habitude du passage à l'ancienneté, « confiance où l'on étoit que les examens n'auroient pas lieu[23] », prévention contre l'étude, lui font obstacle.

Le duc de Praslin, successeur de Choiseul en 1766, reste optimiste :

« J'ai remarqué avec grande satisfaction que la présence de M. Bézout et les examens ont produit [...] parmi les gardes beaucoup d'activité et d'envie de s'instruire et ont fait sentir toute l'utilité des études. Il s'agit actuellement de profiter de la fermentation qu'ils ont occasionnée, d'entretenir l'émulation, d'exciter le plus de progrès qu'il sera possible et surtout de plier absolument aux études les anciens gardes qui y sont en général le moins disposés.[24] »

Les examens sont de vrais marathons et des épreuves physiques aussi bien pour Bézout que pour les officiers qui l'assistent. Le commandant de Rochefort écrit : « je crains de n'être point en état, dans une saison aussi dure, d'assister pendant 10 ou 12 jours à des séances de 8 à 10 heures que dure l'examen des Gardes de la Marine.[25] »

Ils montrent les années suivantes un niveau qui s'améliore à Brest et Toulon mais qui continue à être insuffisant à Rochefort où le paludisme perturbe l'enseignement.

Le travail de Bézout ne fait que s'accroître, à tel point qu'en 1768, une note du bureau du ministre demande une réévaluation de ses appointements :

« Les appointements de M. Bézout sont fixés à 2400 livres depuis 1764 qu'il a été nommé Examinateur des Gardes du Pavillon et de la Marine, et il est moins bien traité que les premiers maîtres de mathématiques des Gardes dont les appointements sont de 3 000 livres ; ce qui n'est pas naturel. On a ajouté depuis à ses occupations l'examen des élèves ingénieurs-constructeurs, celui des plans de vaisseaux produits par les sous-ingénieurs pour parvenir aux places d'ingénieurs, et celui des écoles d'hydrographie établies dans les trois grands ports, sans qu'il lui ait été accordé pour ce travail aucune gratification ; en sorte que tout réclame pour lui une augmentation d'appointements que l'on propose à monseigneur de lui accorder avec d'autant plus de confiance que c'est principalement à ses lumières et à son zèle qu'on doit les succès de l'instruction des Gardes de la Marine.[26] »

Praslin porte alors les appointements de Bézout à 6 600 livres par an. Pour comparaison, un académicien pensionnaire gagnait selon son rang entre 1 200 et 3 000 livres annuelles[27].

**Contestations et pérennité**

En 1770 est instauré un examen avant l'admission dans les écoles :

> « Pour l'admission aux places de Gardes de la Marine, tous gentilshommes […] ne pourront être admis qu'ils ne sachent écrire lisiblement et avec orthographe et qu'ils ne soient instruits du premier volume au moins du cours de Mathématiques de M. Bézout qui traite de l'arithmétique […] Tout sujet qui à deux examens n'aura pas satisfait à ce qui est exigé, sera rejeté pour toujours.[28] »

Cette disposition, rendant encore plus important le rôle des mathématiques, renforce la contestation. Les examens de 1771 sont très mauvais dans les trois ports et le ministre écrit aux commandants des compagnies, « je n'ignore pas que les déclamations contre l'étude et l'instruction qui se sont depuis un an beaucoup renouvelées sont une des principales causes[29] ».

La contestation est menée par les officiers eux-mêmes : cela ressort des réponses faites au ministre. À Brest, par exemple, le commandant écrit au sujet de trois élèves non admis par Bézout : « quoiqu'il y aye à présumer de votre part, que quelqu'un qui n'a pu apprendre les deux premiers volumes du cours, est fort incapable du côté de l'intelligence ou fort négligent du côté du zèle et de l'étude, je ne puis m'empêcher de vous informer que ces trois jeunes gens sont de fort bons sujets d'ailleurs.[30] »

De plus, en 1772, Bézout découvre un comportement qui montre le peu de cas que les commandants des Gardes font de l'enseignement :

> « Il est d'usage à Toulon de fermer les salles pendant les mois de juillet et d'août à cause des grandes chaleurs et de permettre aux Gardes d'aller passer ce tems à la

> campagne. Tant de mollesse dans leur instruction n'est pas propre à les endurcir aux fatigues du métier de la mer indépendamment de ce que c'est perdre deux des plus beaux mois et les plus longs jours de l'année.[31] »

Le ministre écrit aussitôt au commandant de l'école : « il me paraît essentiel de cesser d'accoutumer les gardes à tant de mollesse. Je vous prie d'abroger absolument cet usage[32] ».

La réforme des écoles d'officiers de la Marine est donc à nouveau remise en question. Bézout, sans se décourager, arrive malgré tout, avec l'appui des différents ministres, à imposer sa conception d'une formation scientifique et technique : il décide en 1773 que « l'examen roulera sur le cours complet plus le traité de navigation » et il « travaille à dresser une instruction détaillée sur les objets de l'enseignement aux salles et sur la succession de ces objets, afin que les études soient suivies de la manière la plus utile aux gardes[33] ». Pierre Bourgeois de Boynes, le nouveau ministre de la Marine, y souscrit : « J'ai examiné le mémoire que vous m'avez présenté sur la manière dont on doit diriger l'enseignement des différentes parties du cours de mathématiques [...] Je ne puis qu'approuver cette distribution d'enseignement et ordonner qu'elle soit exactement suivie.[34] »

À partir de 1777, Bézout touchera annuellement du ministère de la Marine 10 800 livres. En dehors du confort matériel pour lui et sa famille, cet important revenu est aussi une nette reconnaissance de l'importance de son rôle et de son dévouement.

Le fonctionnement des écoles répond à la volonté de Bézout jusqu'en 1778. À partir de cette année-là et jusqu'en 1783, la France, alliée des États-Unis dans leur lutte pour l'indépendance contre l'Angleterre, mène une guerre navale qui va fortement perturber les études des futurs officiers de Marine en rendant leur présence nécessaire sur les vaisseaux. La paix revenue dès janvier 1783, Bézout part pour les examens le 11 avril et revient le 30 juillet. Le 19 août suivant, il envoie un compte-rendu au ministre :

> « J'ai l'honneur de vous présenter cy-joints les comptes qui me restent à vous rendre de l'instruction et des études des Gardes de la Marine, de l'instruction des Aides de port, enfin de l'état des écoles d'hydrographie. J'y ai ajouté les observations qui m'ont paru convenables pour faire reprendre à tous ces objets l'activité, et leur donner l'utilité que la paix permet d'espérer...[35] »

... avant de mourir brutalement le 27 septembre 1783.

* * *

À travers les actes et les prises de position de Bézout, acteur principal de son fonctionnement, nous avons pu décrire l'enseignement dans les écoles des Gardes de la Marine. Les caractéristiques contextuelles et personnelles de ce dernier nous permettent de mieux comprendre les spécificités de cet enseignement.

Tout d'abord l'attachement de Bézout à un haut niveau mathématique est en accord avec sa personnalité : se désignant lui-même comme « estudiant ès mathématiques » alors même qu'elles n'étaient enseignées dans aucune faculté, il décide vers 20 ans de s'installer seul à Paris où il survit en donnant des leçons de mathématiques, pour fréquenter le milieu savant de la capitale favorisant ses travaux de recherche[36]. On comprend mieux dès lors qu'il ait tenu bon et réussi à imposer ce niveau malgré les fortes contestations récurrentes.

Sa fonction de « maître de mathématiques », exercée jusqu'en 1764, lui a permis une réflexion sur la progression et l'organisation du programme, sur la pédagogie à mettre en œuvre ainsi que sur la liberté et l'indépendance des enseignants, nécessaires pour mener à bien leur tâche. On retrouve tout cela, nous l'avons vu, dans son cours (présentation matérielle et contenu) et la mise en place de la réforme.

L'isolement dû à sa charge et sa haute conception de l'enseignement l'ont amené à publier des résultats personnels importants dans ses manuels et non dans des mémoires académiques. C'est une des caractéristiques qui a permis la qualité de l'enseignement des écoles des Gardes et la renommée de son cours, même si cela a nui à Bézout : ces résultats passèrent longtemps pour anonymes.

Son rôle d'académicien, amené à faire des rapports sur les inventions présentées à l'Académie, l'a conduit à faire lui-même des expériences dont il a fait profiter la Marine dans la partie technique de son enseignement : mécanique, hydraulique, navigation.

Plus prosaïquement, la qualité exceptionnelle du cours pour la Marine vient sans doute aussi de la volonté de Bézout de supplanter Charles Camus, dont le cours était obligatoire au Génie et à l'Artillerie, et qui détenait le marché non négligeable des livres de mathématiques pour les élèves des écoles de l'armée de terre : c'est en tout cas ce qui se passa dès mai 1766[37].

Nous terminerons sur le fait que le rôle d'Étienne Bézout dans l'enseignement scientifique et technique des écoles des Gardes de la Marine a eu une action importante non seulement sur l'amélioration de la Marine française – on peut le constater dès 1778 et la guerre d'indépendance des États-Unis – mais aussi sur l'enseignement des mathématiques en général : son cours fut réédité jusqu'au début du XXe siècle, souvent par ordre du ministère de l'Instruction publique[38].

## Notes

1. Cité par Michel Vergé-Franceschi, *Marine et éducation sous l'Ancien Régime*, Paris, CNRS, 1999, p. 236.
2. Roger Hahn, « L'enseignement scientifique des gardes de la Marine au XVIIIe siècle », dans René Taton (dir.), *Enseignement et diffusion des sciences au XVIIIe siècle*, Paris, Hermann, 1964, p. 547-558.
3. M. Vergé-Franceschi, *Marine et éducation…, op. cit.*, p. 247.
4. Archives nationales-Marine (AN-M), C/7/29 et Registres manuscrits de l'Académie des Sciences (RMAS), 1764, p. 65.
5. Service historique de la Marine (SHM) à Vincennes (SHMV), ms 73, t. 98.
6. Voir *supra.*
7. AN-M, C/7/29.
8. *Ibid.*
9. Sur ces écoles voir : R. Hahn, « L'enseignement scientifique aux écoles militaires d'artillerie », dans R. Taton (dir.), *Enseignement et diffusion des sciences…, op. cit.*, p. 513-545 ; R. Taton, « L'École royale du Génie de Mézières », dans R. Taton (dir.), *Enseignement et diffusion des sciences…, op. cit.*, p. 559-615 ; Bruno Belhoste, *La formation d'une technocratie*, Paris, Belin, 2003, p. 22-37.
10. AN-Marine, G/91, p. 189.
11. SHMV, Académie de Marine, t. 3, p. 328.
12. É. Bézout, « Recherches sur le degré des équations résultantes de l'évanouissement des inconnues et sur les moyens qu'on doit employer pour trouver ces équations », *Mémoires de l'Académie royale des sciences pour 1764 (mars 1764)*, 1767, p. 288-338.
13. Bézout n'a jamais republié ce résultat.
14. AN-M, C/1/43.
15. *Ibid.*
16. *Ibid.*
17. AN-M, B/3/567.
18. Souligné dans le texte.
19. *Ibid.*
20. SHM à Brest (SHMB), 1/A/107.
21. AN-M, B/3/570, p. 253.
22. SHMB, 1/A/107.
23. *Ibid.*
24. SHM à Rochefort (SHMR), 1/A/31.
25. AN-M, C/1/75.
26. AN-M, C/7/29.
27. RMAS, 1775, p. 266.
28. SHM à Toulon (SHMT), 1/A1/66.

29. SHMB, 1/A/109.
30. AN-M, C/1/76.
31. SHMT, 1/A1/70.
32. AN-M, C/1/46.
33. SHMT, 1/A1/70.
34. AN-M, C/1/48, p. 69.
35. Columbia University, collection David Eugène Smith.
36. Liliane Alfonsi, *Étienne Bézout (1730-1783) : mathématicien, académicien et professeur au siècle des Lumières,* Thèse de l'Université Paris 6 Pierre et Marie Curie, 2005, chapitre 1.
37. Service historique de l'armée de terre (SHAT), 2W123
38. Liliane Alfonsi, *Étienne Bézout…, op. cit.*, chapitres 4 et 5.

# Chapitre 3

# Mathieu de Dombasle (1777-1843) : un agronome, acteur majeur de l'enseignement agricole en France

**Fabien Knittel**

Christophe Joseph Alexandre Mathieu de Dombasle (1777-1843), agronome reconnu et estimé par ses pairs depuis 1821 pour la mise au point d'une charrue sans avant-train, la « Dombasle », fonde, en 1824, avec Antoine Bertier (1761-1854) grand propriétaire et homme politique lorrain, une ferme exemplaire à Roville-devant-Bayon, village au sud du département de la Meurthe. Héritier de l'agronomie des Lumières, notamment de l'agriculture nouvelle initiée par Duhamel du Monceau et de la physiocratie, Mathieu de Dombasle accepte de devenir le fermier de celui avec qui il a fondé la Société centrale d'agriculture de Nancy quelques années plus tôt, Antoine Bertier[1]. Il fonde, en 1826, un institut agricole au sein de sa ferme exemplaire afin de participer au mouvement de modernisation de l'agriculture française, c'est-à-dire développer des techniques nouvelles permettant à l'agriculture d'obtenir les rendements suffisants pour que la production suffise à nourrir la population.

Tout d'abord, si l'Institut de Roville apparaît comme le berceau de l'enseignement agricole français c'est grâce au rôle majeur joué par son fondateur, Mathieu de Dombasle. Mais, dans un second temps, l'analyse des premières expériences d'enseignement en milieu rural à Roville même et des premières expériences d'enseignement agricole dans le royaume de France à la fin du XVIII^e^ siècle et au début du XIX^e^ siècle, permet de montrer que ces projets éphémères ont néanmoins créé une configuration favorable à la création de l'Institut de Roville. Enfin, l'étude des buts de cet institut et, surtout, des innovations pédagogiques mises en œuvre par Mathieu de Dombasle, explique la solidité de la structure et sa durée (vingt ans) ainsi que son impact sur l'évolution ultérieure de l'enseignement agricole et agronomique aux XIX^e^ et XX^e^ siècles en France.

## L'Institut de Roville-devant-Bayon : la première institution pérenne d'enseignement agricole en France

Mathieu de Dombasle et Antoine Bertier ont créé une ferme exemplaire pour y pratiquer une agriculture raisonnée qu'ils veulent utiliser comme modèle pour participer à la modernisation de l'agriculture française qu'ils jugent archaïque. L'exemplarité de la ferme de Roville est intrinsèquement liée à la création d'un lieu de formation agricole. Cet enseignement technique agricole souhaité par Mathieu de Dombasle répond à des critères spécifiques d'excellence qu'il désire mettre en œuvre pour arriver à son but : forger un *outil* utile pour moderniser l'agriculture hexagonale.

Les structures de l'Institut de Roville s'inspirent largement de l'Institut prussien de Moëglin, dirigé par A. Thaër dont Mathieu de Dombasle est le traducteur en France. Mathieu de Dombasle se réfère aussi à la réalisation de l'agronome Schwerz qui fonde à Hohenheim, près de Stuttgart, en 1818, un Institut agronomique. Dans tous les cas, il s'inspire des structures établies par ses prédécesseurs, essaye de les adapter au contexte lorrain et, si possible, de les perfectionner.

### Former des chefs de grandes exploitations

Il ne s'agit pas de former des *agriculteurs de cabinet* mais des praticiens au fait de leur *art*. Chef de domaine et praticien ne sont pas des termes ni des idées antinomiques pour Mathieu de Dombasle. En effet, il théorise une pratique agricole qui est un élément essentiel de la fonction de dirigeant d'exploitation. Le chef de domaine doit parfaitement connaître l'agriculture qu'il pratique ainsi que toutes les manipulations techniques nécessaires aux différents travaux ; connaître le fonctionnement de la charrue est indispensable pour demander un travail précis aux exécutants et bien les guider, voire leur demander d'améliorer leur travail. Mais manier la charrue n'est pas obligatoire pour un chef de domaine ni même conseillé par l'agronome de Roville. Un valet de charrue la manie beaucoup mieux et le chef de domaine peut se consacrer à la direction des autres travaux. Ainsi, la pratique inculquée par Mathieu de Dombasle est-elle une pratique de choix et de direction de travaux agricoles. Il insiste sur la formation du chef de domaine sans trop s'attarder sur celle des manouvriers agricoles. Il est persuadé que la seule formation des dirigeants d'exploitations suffit pour provoquer une modernisation de l'agriculture. En revanche, A. Bertier souhaite que toute la paysannerie soit instruite et initiée aux nouvelles pratiques. C'est un point de désaccord fondamental entre les deux hommes. Ils partagent le même but mais les moyens dont ils usent pour y parvenir sont différents et, parfois, peu conciliables.

À l'Institut de Roville, le cycle complet des études se déroule sur deux années, mais Mathieu de Dombasle ne souhaite pas fixer cette durée de façon trop rigide. Les élèves peuvent bénéficier de l'instruction dispensée à l'Institut pour une période plus courte : 6 mois, 3 mois ou 1 mois. De la même façon, les élèves se rendent à Roville à leur gré, aucune date de « rentrée des classes » n'étant définie. Les élèves sont « admis à toutes les époques de l'année[2] ». Le temps scolaire à Roville est donc très libre. Mathieu de Dombasle offre aux fils d'agriculteurs une grande flexibilité prenant en compte les disponibilités, parfois réduites, de ces jeunes hommes dont le travail est souvent nécessaire sur l'exploitation familiale, malgré le besoin de formation. Ainsi, à Roville, certains viennent chercher une formation initiale et s'y consacrent plusieurs années alors que d'autres désirent se perfectionner ou découvrir une technique ou un matériel pendant une période plus courte qui ressemble, en fait, à ce qu'aujourd'hui on entend par un *stage*. Chaque élève décide de son temps de formation donc de l'étendue de ses besoins de formation et une grande partie des élèves ou stagiaires de Roville ne sont restés qu'une brève période. Malheureusement, Mathieu de Dombasle n'a pas dressé de statistiques à propos de la durée du séjour de ses élèves. On ne possède pas non plus de registre ou de liste fournissant les indications suffisantes pour établir cette statistique, qui aurait permis de mesurer l'attrait de l'établissement et son impact sur le monde agricole. Il est aussi impossible, du fait de l'état des sources, de déterminer si un élève est venu plusieurs fois à Roville. Savoir si, après une formation initiale, des stages périodiques, plus courts, d'approfondissement ou de mise à niveau ont eu lieu apporterait un éclairage précieux pour, encore une fois, évaluer l'importance de l'Institut pour le monde rural de l'époque.

Aucun cycle de formation ne peut être envisagé dans un tel système. Mathieu de Dombasle s'adresse à chacun individuellement selon ses besoins. En 1821, l'agronome lorrain évoque une division des élèves en trois classes[3], mais dans les faits on constate qu'il y renonce. Bien qu'elle existe parfois dans certaines écoles rurales, Mathieu de Dombasle juge qu'elle n'est pas adaptée aux conditions locales qu'il rencontre à Roville-devant-Bayon.

**Les études**

La semaine commence par l'assistance, le lundi matin, au rapport général des travaux de la semaine précédente. Un bilan en est dressé et des objectifs pour la semaine sont fixés par Mathieu de Dombasle et ses « chefs de culture ». Quelques élèves, désignés à tour de rôle, y assistent. Ils sont ensuite chargés de faire un compte rendu détaillé aux autres élèves. La journée d'étude se déroule ensuite selon les différentes séquences prévues. L'emploi du temps est identique pour chaque jour et n'est modifié qu'en fonction des saisons et des gros travaux agricoles.

À l'Institut, une activité essentielle, même si ce n'est pas l'aspect fondamental de la pédagogie de Mathieu de Dombasle, est la lecture d'ouvrages d'agronomie. Afin de faciliter l'accès aux périodiques, un fond d'abonnement de lecture est mis en place. Il est alimenté par les élèves qui versent deux francs par mois et par le directeur qui s'engage à verser cinquante francs par an. Une sorte de bibliothèque de revues périodiques est ainsi constituée. Les élèves peuvent les consulter dans une salle de documentation, qui, en fait, est aussi la salle où se déroulent les enseignements théoriques.

Mathieu de Dombasle préfère l'apprentissage par la pratique mais les lectures sont indispensables, sans être suffisantes. Elles apportent les suppléments théoriques à la formation d'un chef de domaine éclairé. Il insiste aussi sur le choix judicieux des lectures. Il faut lire uniquement les meilleurs ouvrages, ceux de Thaër par exemple, comme il le conseille à ses élèves.

La majorité des cours théoriques débute le 1^er^ novembre et dure environ quatre mois, jusqu'en février-mars. Toutefois, certaines matières sont enseignées à d'autres moments : la physiologie végétale est enseignée pendant le printemps et l'été (suivant le cycle de la nature), la géométrie au mois de juillet, la botanique, l'arpentage, les notions de physique et de chimie, la culture des arbres forestiers toute l'année. En ce qui concerne l'enseignement de l'agriculture, un cours est donné en été et deux en hiver[4]. Chaque soir, la journée se termine par le compte rendu, ou ordre, des responsables de travaux. Un bilan de la journée est ainsi dressé. Deux élèves sont présents et écoutent les conseils que le maître donne à ses « chefs de culture » pour les tâches du lendemain. Les deux élèves renseignent ensuite leurs camarades.

Les élèves partagent donc leur temps entre l'étude et la « pratique [plutôt une observation] des travaux de la culture…[5] ». Après deux années d'apprentissage, ou moins, aucun examen n'a lieu et aucun diplôme n'est délivré. Les élèves ont été formés à une pratique de direction de domaine directement applicable dans une exploitation agricole. C'est donc leur pratique ultérieure qui sanctionne leur formation et non un examen formel.

**Le berceau de l'enseignement supérieur agronomique**

L'impact de l'Institut de Roville est essentiel en ce qui concerne la diffusion de la formation agricole en France et, sans doute, plus important que l'action des quelques chefs de domaine formés, trop peu nombreux.

Auguste Bella (1777-1856) est venu à Roville en 1825, à l'âge de 48 ans (le même âge que Mathieu de Dombasle) pour observer les pratiques de Mathieu de Dombasle et s'en inspirer avant de fonder à son tour une école d'agriculture à Grignon en région parisienne. Il fonde, en 1826, avec Antoine Rémy Polonceau, l'école d'agriculture de Grignon qui devient Institut royal agronomique le 23 mai 1827 par ordonnance du roi Charles X. Le passage en Lorraine a donc été une étape préparatoire à la création de Grignon, principale école d'agronomie de France encore aujourd'hui (INA-PG puis, depuis 2006, AgroParisTech). Grignon accueille de nombreux élèves regroupés dans des promotions de 100 comme à Moëglin. Bella n'instaure pas de *numerus clausus* comme à Roville et donne une grande importance aux « sciences annexes » (botanique, géométrie, mécanique, comptabilité et langues étrangères), mises sur le même plan que la pratique. Bella est donc plus proche d'A. Thaër que de Mathieu de Dombasle. En 1836, un diplôme est créé consistant en la soutenance d'un mémoire « présentant un plan raisonné et détaillé de culture pour un domaine[6] ». Ce diplôme devient quelques années plus tard la thèse agricole : travail de recherche appliquée qui consiste pour l'étudiant en agronomie à proposer un nouveau système de culture, plus performant, élaboré à partir de l'observation *in situ* des pratiques et techniques de l'exploitation dans laquelle il a effectué son stage de fin d'études[7]. L'Institut royal agronomique de Grignon forme des ingénieurs plus que des chefs de domaine.

L'Institut de Grand-Jouan, fondé près de Rennes par Jules Rieffel (1806-1886) en 1830, est plus proche des structures rovilliennes. J. Rieffel a été l'élève de Mathieu de Dombasle de 1828 à 1829 et fait partie de la société rovillienne. Il a d'ailleurs entretenu une correspondance avec Mathieu de Dombasle et J.-C. Fawtier, ancien élève aussi. D'après Rieffel, « il manque à l'agriculture cette classe d'hommes précieux, placés à l'armée entre l'officier et le soldat ; dans l'industrie manufacturière, entre l'ouvrier et le fabricant[8] ». Il souhaite donc former dans son Institut le même personnel que Mathieu de Dombasle. J. Rieffel perpétue en quelque sorte l'héritage qu'il a reçu de son maître et contribue à la diffusion de ses idées. Mais il innove aussi et ne copie pas simplement Roville[9]. Avec insistance, il affirme que « la théorie et la pratique doivent se prêter un appui mutuel[10] » ; idée appliquée de fait à Roville. Transférée à Rennes à la fin du XIX^e^ siècle, l'école de Grand-Jouan existe encore actuellement.

Mathieu de Dombasle a innové sur le plan pédagogique comme nous le montrerons dans la troisième partie de cet article. Mais il n'a été en mesure de le faire qu'avec l'ensemble des influences dont il a bénéficié : il fait partie d'une « œuvre » collective qui s'élabore sur le temps long[11]. Aussi, avant d'analyser ses innovations pédagogiques qui en font un acteur majeur de l'enseignement agricole en Europe, est-il intéressant de montrer en quoi la seconde moitié du XVIII^e^ siècle et les deux premières décennies du XIX^e^ constituent une configuration favorable.

## Une configuration favorable (fin XVIIIe siècle-1820)

Dans la France préindustrielle la transmission intergénérationnelle est la première des manières d'*enseigner* les pratiques et les techniques agraires. Ce sont les modalités de la transmission de père en fils des savoirs et savoir-faire agricoles qui prévalent avant la nécessaire objectivation qui inaugure les premiers essais d'enseignement de l'agriculture. Mais la Lorraine est une province où l'alphabétisation fait de grands progrès au XVIIIe siècle et c'est aussi une région où les « petites écoles » se sont implantées tôt, dès la fin du XVIe siècle. Les paysans et plus largement les ruraux lorrains sont, plus qu'ailleurs, acculturés à l'écrit, ce qui en fait un espace culturellement réceptif aux idées diffusées par la littérature populaire du temps. Cette forte alphabétisation des masses rurales n'est pas une exception lorraine mais concerne l'ensemble du quart Nord-Est de la France comme, par exemple, la Franche Comté[12]. À Roville même, Bertier, fils de négociant nancéien, met en œuvre, à partir de 1818, une politique d'instruction à destination des ruraux les plus modestes à travers l'expérience de l'enseignement mutuel en milieu rural[13]. La création de ce type d'établissement est donc dans l'air du temps et il existe une tradition scolaire à Neuviller et Roville, depuis le milieu du XVIIIe siècle. Toutefois, ce ne sont pas les efforts de philanthropes comme Bertier qui permettent la diffusion des informations, tant techniques que générales, dans les campagnes mais plutôt la littérature de colportage et autres périodiques à destination des paysans[14]. De plus, la demande de « formation » agricole est assez faible dans la seconde moitié du XVIIIe siècle. Ce qui préoccupe alors en premier lieu les paysans, notamment les éleveurs, ce sont les maladies du cheptel. Dans les préceptes de l'agriculture nouvelle, le cheptel a une importance de premier plan, d'où le besoin de sauvegarde. Aussi la formation de « médecin des bêtes[15] » est-elle jugée urgente et indispensable. C'est de ce besoin de soins aux animaux que sont nées, en 1761, les écoles d'enseignement vétérinaire où les premières leçons d'économie rurale ont été dispensées.

### Les premières leçons d'économie rurale au sein des écoles vétérinaires

Un débat est né au tournant du siècle afin de délimiter les compétences du vétérinaire : médecin des bêtes ou spécialiste d'économie rurale ? À partir de 1780 débute la période dite « académique » de l'école d'Alfort : les enseignements sont moins pratiques et une chaire d'économie rustique, puis rurale, est créée en 1782 et confiée à Daubenton (1716-1799). En même temps, Victor Yvart est chargé de diriger la ferme de Maisonville, près de l'école d'Alfort, où il doit mettre « en évidence les résultats d'une culture scientifiquement conduite[16] ». Après une mise en cause de l'enseignement de l'économie rurale à la veille de la Révolution, moment où les chaires dites académiques, dont celle d'économie rurale, sont supprimées, les écoles de Lyon et Alfort sont fermées et le décret du 29 germinal an III les transforme en écoles d'économie rurale vétérinaires. À Alfort, de 1806 à 1824, la chaire d'économie rurale et pratique, enseignement devenu fondamental, est occupée par V. Yvart, puis par son neveu Auguste Yvart. Cet enseignement dure une année et consiste à transmettre l'ensemble, vaste, des connaissances et savoir-faire nécessaires à la conduite d'une exploitation agricole. Des élèves agriculteurs sont d'ailleurs admis pour suivre spécifiquement cet enseignement. Jusqu'au premier quart du XIXe siècle c'est donc une orientation vers l'économie rurale qui l'emporte. Les écoles vétérinaires forment à cette époque des spécialistes de l'élevage et du monde rural, appelés zootechniciens à partir de la seconde moitié du XIXe siècle. En 1824-1825, la chaire d'économie rurale est supprimée et, dans les années 1830-1840, après la création des premières écoles d'agronomie, l'aspect médical de l'enseignement reprend le dessus.

Même si un enseignement d'économie rurale est dispensé dans les écoles vétérinaires, nombreux sont les agronomes qui jugent celui-ci insuffisant et, dès l'époque de la création de l'école de Lyon, des projets d'établissements spécifiquement dédiés à l'enseignement agricole sont proposés au pouvoir politique.

**Les premiers projets d'écoles d'agriculture**

Les agronomes, préoccupés par la transmission d'un savoir agricole raisonné et plus efficace, réfléchissent à des projets d'écoles d'agriculture. Le duc de Bethune-Charost, en Artois, propose, en 1778, la création d'une école d'agriculture tandis que d'autres suggèrent de créer des bourses de voyages agronomiques[17], sorte de *peregrinatio academica* agricole. Beaucoup de ces projets restent sans suite mais quelques autres sont partiellement réalisés grâce au soutien du contrôleur général Bertin.

Dès 1759, Pajot, près de Limoges, crée un établissement mais, plus qu'une réelle école il s'agit plutôt de champs d'expériences. Des actions éparses dans des établissements non agricoles ont lieu dans la seconde moitié du XVIIIe siècle puisque « quelques professeurs du lycée, quelques autres dans les écoles centrales ont pris sur eux de donner sur cet enseignement [celui de l'agriculture] des ébauches qui attestent leur zèle, mais qui ne sont point des cours suivis et réguliers...[18] ». François-Thomas Moreau, à la Rochette, près de Melun, propose à partir de 1763, et jusqu'en 1770, des enseignements d'arboriculture. L'école d'Anel, non loin de Compiègne, est fondée par Sarcey de Sutière en 1771. Bien que soutenue par Bertin, l'école n'existe que quatre années, jusqu'en 1774. Il est prévu d'y accueillir douze élèves-laboureurs âgés de 20 à 30 ans pour les instruire « dans les principes d'une bonne agriculture et les découvertes les plus récentes de l'agronomie[19] ». Mais peu d'élèves y ont été formés, une douzaine tout au plus. André Thouin assure au Muséum d'histoire naturelle, l'ancien Jardin du Roi, à partir de 1800, un cours théorique de culture. Il passe à la pratique, en lien avec la théorie, à partir de 1806 lorsqu'il fonde une école de culture au sein de ce même Muséum[20]. Cependant, c'est un enseignement qui, malgré son succès[21], n'a guère eu d'influence notable sur les pratiques et les techniques agraires. Les propositions sont ambitieuses mais les réalisations très modestes.

C'est dans ce contexte que l'abbé Grégoire (1750-1831) formule à son tour un projet d'enseignement de l'agriculture. Il insiste sur le rôle du curé de village en matière de diffusion des techniques culturales innovantes, mais enseigner l'agriculture est aussi une nécessité à ses yeux[22]. Il soumet alors son projet à la Convention[23]. L'abbé Grégoire introduit son propos par un éloge de l'agriculture anglaise et inscrit son projet d'éducation paysanne dans un programme agronomique classique : rejet des pratiques communautaires, critique de la jachère, promotion des prairies artificielles et des plantes nouvelles telles la pomme de terre[24]. Il propose alors la création de maisons d'économie rurale établies dans chaque département. Ce sont en réalité moins des lieux d'instruction que des exploitations modèles où les paysans peuvent venir puiser des exemples novateurs. Toutefois, Grégoire ne restreint pas la formation du paysan à un simple apprentissage manuel : « personne assurément n'a poussé l'absurdité jusqu'à prétendre que l'agriculture se compose de livres et de savants ; mais quand j'entends dire que, pour être bon cultivateur, il suffit d'avoir des bras, qu'on me permette au moins d'y joindre une tête bien saine pour les diriger...[25] » Mais on lui reproche le coût excessif de sa proposition et les problèmes de financement ne permettent pas au projet d'aboutir.

Par la suite, François de Neufchâteau propose un projet plus ambitieux[26]. Il dresse le bilan des propositions et actions déjà menées en matière d'enseignement de l'agriculture et c'est le projet de l'abbé Rozier qui retient le plus son attention. Le célèbre botaniste propose à Turgot, en 1775, la création d'une école d'agriculture à Chambord. Celui-ci l'accepte mais sa révocation en 1776 condamne l'entreprise. L'abbé Rozier réitère sa demande en 1789, sans plus de succès. François de Neufchâteau reprend à son compte le projet de l'abbé Rozier et en fait part au ministre de l'Intérieur Chaptal[27]. François de Neufchâteau sait qu'il doit s'attirer les faveurs du pouvoir en place s'il veut faire aboutir ce projet.

L'école de Chambord doit accueillir environ une centaine d'élèves. La scolarité doit durer trois ans tandis que les études et la pension sont gratuites. Il est aussi prévu d'instruire des « enfants trouvés » : dix garçons et dix filles âgés de 8 à 20 ans. Les filles seraient même dotées à la fin de leur apprentissage afin qu'elles s'établissent sans difficulté. Enfin, il projette de rédiger un *Registre annuel de l'agriculture pratique*, relatant les observations et expériences accomplies dans l'établissement d'enseignement agricole qu'il propose de créer dans le but d'une diffusion large en direction des praticiens. Chaptal semble dans un premier temps favorable au projet mais il est repoussé par une décision du 2 avril 1802, sans doute en raison de son coût trop élevé.

Comme la création d'une école spécifique n'aboutit pas, François de Neufchâteau imagine les moyens d'intégrer des rudiments d'agriculture dans le cadre de l'instruction publique. Faisant siennes les idées de son époque, François de Neufchâteau considère l'agriculture comme l'activité la plus importante, la plus noble, et déplore qu'elle soit pratiquée par la catégorie de la population la moins instruite. Les élèves, au niveau primaire, doivent être formés de manière pratique, ce sont de futurs praticiens. C'est un programme professionnel pour les petites écoles de campagne qui est proposé. Des terrains à proximité des écoles sont donc nécessaires pour appliquer une pédagogie fondée sur l'exemple. Pour le « secondaire », le plan est plus conservateur. François de Neufchâteau pense que les enfants des milieux plus aisés ont besoin d'une connaissance de l'agriculture mais celle-ci doit être transmise à l'aide de la lecture des anciens tels Palladius, Columelle ou encore Virgile. Enfin, au niveau « supérieur », il propose la création de chaires d'agriculture et d'économie rurales dans toutes les écoles centrales ou universités à l'image de ce qui a déjà été fait outre-Rhin et en Europe du Nord. François de Neufchâteau signale l'importance de mêler théorie et pratique, d'où la nécessité de fonder des « fermes d'expériences » comparées à la partie clinique de l'enseignement de la médecine[28]. À défaut de champ d'expériences, qui coûtent chers, il suggère des promenades agronomiques ou « tournées agronomiques[29] ». Le mélange, quasi impératif, entre théorie et pratique se retrouve aussi dans l'enseignement technique industriel au XIXᵉ siècle, notamment dans les écoles d'arts et métiers[30].

Les idées de François de Neufchâteau restent dans la continuité des aspirations de la seconde moitié du XVIIIᵉ siècle mais elles ne s'imposent pas encore dans les esprits et leur application est toujours repoussée. Il faut ainsi attendre les années 1820 et le développement de l'Institut agricole de Roville-devant-Bayon, dirigé par Mathieu de Dombasle, pour que soit établie une structure d'enseignement agricole pérenne où sont mises en œuvre d'importantes innovations pédagogiques.

## Innovations pédagogiques

Mathieu de Dombasle propose un programme d'enseignement agricole fondé sur un approfondissement intellectuel et, surtout, sur une pratique d'ordre intellectuelle. C'est sans doute son apport le plus original.

**La clinique agricole**

Mathieu de Dombasle, après de sérieux revers – essentiellement dus à l'échec économique de sa sucrerie de Monplaisir en 1815 –, prône l'observation prudente des faits[31]. Cela résonne comme un dogme chez l'agronome dont la démarche se veut méthodique et raisonnée. On retrouve un héritage de la pensée des Lumières, relayée par François de Neufchâteau. Mathieu de Dombasle essaye de tout prévoir, de calculer, de quantifier afin de limiter au maximum les facteurs de risques. Chez Mathieu de Dombasle, tout est prudence, son audace est calculée en articulation avec sa démarche pédagogique qui repose essentiellement sur l'observation. Mathieu de Dombasle considère que l'instruction agricole ne peut être donnée « qu'en présence des faits, à mesure qu'ils se présentent dans une exploitation rurale[32] ». Pour lui la théorie n'est rien si elle n'est pas vérifiée empiriquement. Aussi ne diffuse-t-il une innovation ou une pratique que lorsqu'elle lui apparaît suffisamment sûre pour être applicable au champ sans danger. C'est toute cette forme de pensée et de réflexion que Mathieu de Dombasle essaye d'inculquer aux jeunes gens qui le sollicitent.

Mathieu de Dombasle insiste sur un enseignement agricole fondé sur la pratique, l'observation et l'expérience, ce qu'il désigne par l'expression *clinique agricole*. Le terme clinique est directement emprunté au vocabulaire médical. C'est une notion qui s'impose peu à peu en médecine entre 1750 et 1850 et qui consiste à mettre en avant l'observation attentive du malade par le médecin, le diagnostic étant élaboré à partir des lésions visibles[33]. Avec la *clinique agricole*, Mathieu de Dombasle développe une analogie entre la médecine et l'agriculture. À Roville, « on enseigne par la pratique, autant qu'il est possible, les différentes manières de faire, et l'on s'efforce de mettre les élèves en état de raisonner et de calculer les opérations, selon les circonstances dans lesquelles ils se trouvent [...] lorsqu'il a été reçu docteur, il lui reste à devenir médecin...[34] ». Pour Michel Foucault, la posture clinique est une « flexion » qui marque, pour la médecine, « le passage des Lumières au XIXe siècle » en même temps que l'expérience clinique permet l'élaboration d'un « langage de la rationalité[35] ». Comme les médecins, Mathieu de Dombasle choisit la clinique pour faire le lien entre ce qui est vu, le malade et les symptômes de la maladie pour le médecin, le champ et ses cultures pour l'agronome, et les mots pour le donner à voir, c'est-à-dire le *dire*[36]. Pour l'agronome, le champ cultivé doit devenir l'objet d'une description précise, qui associe inévitablement observation (le regard) et le langage, support à la décision. Ce qui permet d'élaborer des convergences mais l'observation seule ne suffit pas. L'analyse de ce qui est vu doit favoriser la compréhension de la chose observée, déterminer son importance et en comprendre les interactions multiples avec l'environnement qui l'entoure. Ainsi, l'agronome a-t-il les moyens de décider une modification de l'itinéraire technique, voire du système de culture, ou de les conserver[37].

Entendons par là la nécessité du temps long. En effet, Mathieu de Dombasle ne transmet à ses disciples que les fondements de la connaissance agricole. À eux, par la suite, de faire fructifier les bagages acquis à Roville. La *clinique* s'appuie sur l'expérience du praticien, elle s'oppose donc à une certaine routine, présupposée par Mathieu de Dombasle et ses pairs, ancrée, pensent-ils, dans les pratiques paysannes. Toutefois, il ne rejette pas absolument les manières de faire traditionnelles mais il met en garde les paysans contre la sclérose de leurs pratiques. La *clinique agricole* permet d'ajuster les pratiques et d'intégrer les évolutions de la nature et celles de la technique. Le praticien doit cependant prêter attention à ce que sa pratique clinique ne devienne pas trop rigide, se transformant par la même en routine. Avec la *clinique agricole*, la science agricole devient l'étude et l'observation des faits que nous offre la nature.

L'observation, la pratique et l'expérience, ainsi définies, sont totalement intellectualisées, devenant une méthode empirique de compréhension de la nature. On peut ici relever un parallèle entre les pratiques pédagogiques mises en œuvre à Roville et celles dont a bénéficié Mathieu de Dombasle lorsqu'il était élève à l'école centrale du département de la Meurthe, à Nancy : le choix mis au centre ainsi que la démarche expérimentale et l'insistance sur les vertus de l'observation. Mathieu de Dombasle n'indique jamais s'il s'inspire de son expérience passée mais l'on peut toutefois évoquer, pour ce domaine précis, « l'importance du passé dans les actions et réactions ordinaires[38] ».

**La conférence agricole**

Mathieu de Dombasle dans son enseignement, pendant vingt ans, s'est efforcé de mettre en place de façon concrète la *clinique agricole*. La scolarité à Roville est donc essentiellement pratique, mais une pratique de chef de domaine, c'est-à-dire une pratique essentiellement intellectuelle. Le travail manuel et le maniement de la charrue sont donc très peu mis en œuvre. Une simple initiation est prévue en début de cursus et par la suite les exercices sont rares. L'important est que l'élève connaisse les résultats des travaux afin de les organiser et d'en évaluer la qualité d'exécution. L'observation est rarement libre, elle est étroitement encadrée pour initier les élèves à une pratique de direction de domaine efficace et répondre à leurs interrogations. Aussi, Mathieu de Dombasle accompagne-t-il ses élèves et leur fait-il profiter de son expérience. La *conférence agricole* repose sur une observation dirigée. En 1978, M. Sébillotte explicite cette démarche qu'il nomme *tour de plaine*[39]. L'utilisation ici de la notion de *tour de plaine* permet de montrer la pérennité des pratiques pédagogiques[40]. Tous les matins, Mathieu de Dombasle, avec six élèves, effectue une tournée sur le domaine de Roville et commente les différents travaux observés. Cette conférence agricole, ou tournée agronomique pour reprendre l'expression de François de Neufchâteau, est assez succincte. En revanche, une à deux fois par semaine, Mathieu de Dombasle se plie à une conférence agricole générale où tous les élèves sont présents et questionnent le maître. Avant chaque conférence de ce type, les élèves se réunissent afin de définir les questions à poser à Mathieu de Dombasle. Ces questions sont posées par un rapporteur, secrétaire de la société des élèves et désigné par un vote entre les élèves. Déjà, en 1773, au Jardin du Roi, une heure d'explications professorales était suivie d'une demi-heure de questions-réponses avec les auditeurs[41].

Les questions sont de tous ordres : souvent, les élèves s'interrogent à propos de pratiques décrites dans des ouvrages et non appliquées à Roville ou, au contraire, questionnent sur l'originalité de l'exploitation qui les accueille. Les retranscriptions dans les *Annales agricoles de Roville* des questions posées par les élèves représentent une sorte de parole « écrite » qui permet de diffuser les réponses de Mathieu de Dombasle bien au-delà de son auditoire direct[42]. Mathieu de Dombasle est questionné sur n'importe quel sujet et répond directement : exercice difficile où il dévoile ses qualités de pédagogue. Le témoignage du gendre du fermier de Roville, Charles de Meixmoron de Dombasle, montre cependant le décalage entre la description que donne Mathieu de Dombasle, séance austère et figée, et la réalité d'échanges spontanés pendant la marche sur le domaine[43].

Au final, plus qu'enseignant en chaire, Mathieu de Dombasle est un maître qui s'adresse à des disciples, parfois des pairs, comme dans le cas de Bella. C'est un professeur *déambulant* qui accepte le questionnement de ses élèves dans un échange dialectique où l'enseignant enseigne autant qu'il est enseigné, où l'élève est enseigné autant qu'il enseigne[44].

* * *

Après cette rapide traversée des premières expériences d'enseignement agricole, on se rend bien compte que Mathieu de Dombasle inscrit son action dans des configurations culturelle, scientifique et technique favorables. Mais il n'en reste pas là et sa démarche correspond à un approfondissement majeur des données disponibles, ce qui lui permet d'initier une réelle dynamique d'innovation en matière d'enseignement agricole après 1821, grâce à la *clinique agricole* mise en œuvre sous la forme de conférences agricoles que l'on qualifie aujourd'hui de *tour de plaine*. C'est pourquoi Mathieu de Dombasle n'est pas seulement un continuateur : c'est aussi un innovateur, notamment sur le plan pédagogique, car même si l'approche clinique peut sembler banale en médecine, sa mise en œuvre à des fins de pédagogie agricole est une réelle nouveauté. Mathieu de Dombasle montre aussi qu'être agronome n'est pas seulement s'intéresser à la culture des plantes sur un champ mais que c'est la prise en compte de tout le contexte de la société rurale d'une époque, y compris par l'enseignement de ses acteurs, à des fins de modernisation agricole. Et c'est en ce sens qu'il est un acteur majeur de l'enseignement agricole, perçu souvent aujourd'hui comme « l'origine » de l'enseignement agricole.

L'exemple de Mathieu de Dombasle et de l'enseignement technique agricole permet ainsi de restituer les dynamiques interindividuelles et de comprendre les choix spécifiques d'un acteur au sein des multiples contextes dans lesquels il évolue. Grâce à l'échelle *micro*, la *pensée par cas*[45] facilite indéniablement la compréhension croisée des développements institutionnels et des pratiques d'enseignement, révélant le poids fondamental de l'acteur dans l'histoire de l'enseignement technique.

## Notes

1. Pour des précisions et des développements plus importants nous renvoyons le lecteur à Fabien Knittel, *Agronomie et innovation. Le cas Mathieu de Dombasle (1777-1843)*, Nancy, Presses universitaires de Nancy, 2009.
2. Christophe Joseph Alexandre Mathieu de Dombasle, *Annales agricoles de Roville*, t. IX, 1837.
3. Archives départementales de Meurthe-et Moselle (désormais ADMM), 7 M 37 : Rapport lu à la société centrale d'agriculture de Nancy, 12 avril 1821.
4. ADMM, 7 M 37 : Prospectus de l'institut agricole, 30 octobre 1828.
5. *Ibid.*
6. Michel Boulet, Anne-Marie Lelorrain, Nadine Vivier, *1848, le printemps de l'enseignement agricole*, Dijon, Educagri, 1998, p. 44.
7. Marie Benedict-Trocmé, « Le titre d'ingénieur agronome », dans Michel Boulet (dir.), *Les enjeux de la formation des acteurs de l'agriculture, 1760-1945*, Dijon, Educagri, 2000, p. 367-371.
8. Jules Rieffel, cité par M. Boulet *et al.*, *1848, Le printemps de l'enseignement agricole, op. cit.*, p. 46.
9. Nagwa Abou El Maati, « Sur les traces de Mathieu de Dombasle, Jules Rieffel et le défrichement des landes de Grand-Jouan », *Annales de l'Est*, 2006, n° 1, p. 119-130.
10. Jules Rieffel, cité par M. Boulet *et al.*, *1848, le printemps de l'enseignement agricole, op. cit.*, p. 46.
11. Michel Foucault, « Qu'est-ce qu'un auteur ? », *Dits et écrits. Tome I : 1954-1975*, Paris, Gallimard, rééd. Quarto 2001, p. 841 et 847-848.
12. Michel Vernus, « La culture écrite et le monde paysan. Le cas de la Franche-Comté (1750-1860) », *Histoire et Sociétés Rurales*, n° 7, 1997, p. 41-72.

13. Cette école est connue grâce à une courte notice de sept pages rédigée, sans doute en 1834, par Henri Boulay de la Meurthe, un des secrétaires de la Société pour l'instruction élémentaire de Paris. Cf. Henri Boulay de la Meurthe, *Notice sur l'école d'enseignement mutuel de Roville*, Paris, s.d.

14. Sur ce point, voir F. Knittel, *Agronomie et innovation. Le cas Mathieu de Dombasle…*, *op. cit.*, p. 162-164.

15. Ronald Hubscher, *Les maîtres des bêtes. Les vétérinaires dans la société française (XVIII^e^-XX^e^ siècles)*, Paris, Odile Jacob, 1999.

16. *Ibid.*

17. André Jean Bourde, *Agronomie et agronomes au XVIII^e^ siècle*, Paris, SEVPEN, 1967, tome 3, p. 1057.

18. Nicolas François de Neufchâteau *et al.*, « Essai sur la nécessité et les moyens de faire entrer dans l'instruction publique l'enseignement de l'agriculture », *Mémoires d'agriculture, d'économie rurale et domestique, publiés par la Société d'agriculture du département de la Seine*, tome IV, Paris, an X, p. 52.

19. A.-J. Bourde, *Agronomie et agronomes…*, *op. cit.*, p. 1211, note 3.

20. L'enseignement d'André Thouin est connu grâce à la publication de son *Cours de culture et de naturalisation des végétaux*, en 1827, par son neveu Oscar Leclerc-Thouin. Cf. O. Leclerc-Thouin, *Cours de culture et de naturalisation des végétaux par André Thouin*, Paris, 1827. Voir également André Thouin, *Essai sur l'exposition et la division méthodique de l'économie rurale, sur la manière d'étudier cette science par principes et sur les moyens de l'étendre et de la perfectionner*, Paris, 1805.

21. « Ce cours attirait au Muséum un grand nombre d'étudiants… ». O. Leclerc-Thouin, *Cours de culture…*, *op. cit.*

22. « On sait combien la ruralité tient à cœur au curé d'Emberménil » : Bernard Plongeron (introduction et notes par), *L'abbé Grégoire et la République des savants*, Paris, CTHS, 2001, p. 86.

23. Henri Grégoire, *Rapport et projet sur les moyens d'améliorer l'agriculture en France par l'établissement d'une maison d'économie rurale dans chaque département*, Paris, Impr. Nationale, 1793. Critiqué, il ne tarde pas à présenter ses objections dans ses *Nouveaux développements sur l'amélioration de l'agriculture, par l'établissement de maisons d'économie rurale*, Paris, Impr. nationale, An II.

24. H. Grégoire, *Nouveaux développements…*, *op. cit.*, p. 4.

25. *Ibid.*, p. 12 et p. 18.

26. Nicolas François de Neufchâteau, *Mémoire sur la manière d'étudier et d'enseigner l'agriculture et sur les diverses propositions qui ont été faites pour établir en France une grande école d'économie rurale*, lu à la Société d'agriculture du département de la Seine en 1801, Blois, Impr. de Aucher-Éloy, 1827 ; N. François de Neufchâteau *et al.*, « Essai sur la nécessité…», art. cit., p. 15-123.

27. N. François de Neufchâteau, *Mémoire…*, *op. cit.*, p. 35 ; N. François de Neufchâteau *et al.*, « Essai sur la nécessité… », art. cit., p. 16-17.

28. *Ibid.*, p. 97 et p. 99-100.

29. *Ibid.*, p. 100 et p. 103.

30. Philippe Savoie, « L'enseignement technique industriel en France : l'influence des écoles d'arts et métiers », dans Gérard Bodé, Philippe Marchand (dir.), *Formation professionnelle et apprentissage (XVIII^e^-XX^e^ siècles)*, INRP/*Revue du Nord*, hors série n° 17, 2003, p. 129, p. 134 et p. 141.

31. Marc Benoît, Fabien Knittel, « Mathieu de Dombasle à Monplaisir, ou comment devenir agronome en produisant du sucre de betterave en Lorraine au début du XIXe siècle », dans Alain Belmont (dir.), *Autour d'Olivier de Serres. Pratiques agricoles et pensée agronomique du Néolithique aux enjeux actuels*, Rennes, Presses universitaires de Rennes, 2002, p. 255-274.

32. C.-J.-A. Mathieu de Dombasle, « Réflexions sur quelques branches de l'enseignement public en France », dans C.-J.-A. Mathieu de Dombasle, *Œuvres diverses*, Paris, Vve Bouchard-Huzard, 1843, p. 224-230.

33. Michel Foucault, *Naissance de la clinique*, Paris, PUF, 1997, p. IX, p. 2 et p. 56-57 (1re éd. 1963).

34. C.-J.-A. Mathieu de Dombasle, « Réflexions... », art. cit., p. 224-230.

35. M. Foucault, *Naissance de la clinique, op. cit.*, p. XI et XIV.

36. L'enseignement par les yeux et les oreilles devient un lieu commun après 1750, cf. Françoise Waquet, *Parler comme un livre. L'oralité et le savoir (XVIe-XXe siècles)*, Paris, Albin Michel, 2003, p. 90.

37. Stéphane Hénin, *De la méthode en agronomie*, Paris, L'Harmattan, 1999.

38. Bernard Lahire, *L'Homme pluriel*, Paris, Nathan, 1998, p. 62.

39. Michel Sébillotte, *Le tour de plaine*, INA-PG, ronéo, 1978.

40. Le rapprochement conceptuel des deux notions a été effectué pour la première fois dans M. Benoît, F. Knittel, « De la conférence agricole au tour de plaine : naissance d'une pratique de pédagogie agronomique », *Comptes rendus de l'Académie d'agriculture de France*, vol. 87, n° 4, 2001, p. 105-112.

41. Yves Laissus, Jean Torlais, *Le Jardin du Roy et le collège royal dans l'enseignement des sciences au XVIIIe siècle*, Paris, Hermann, 1986, p. 267-268.

42. Pour des exemples de questions, voir Yvette Maurin, « L'Institut de Roville », *Annales d'histoire des enseignements agricoles*, n° 2, 1987, p. 17-29, en particulier p. 25-27 et la fin du tome V des *Annales agricoles de Roville*.

43. Charles Meixmoron de Dombasle, « Quelques notes sur Mathieu de Dombasle et sur l'influence qu'il a exercé », dans *Calendrier du Bon cultivateur*, Paris, 1846 (8e éd.).

44. Cf. Georges Steiner, *Maîtres et disciples*, Paris, Gallimard, 2003, p. 15 (coll. NRF essais)

45. Jean-Claude Passeron, Jacques Revel, *Penser par cas*, Paris, EHESS, 2005.

# Chapitre 4

# Joseph-Diez Gergonne (1771-1859) et ses *Annales de mathématiques* : un acteur engagé dans l'évolution des mathématiques et de leur enseignement au début du XIXe siècle

**Christian Gérini**

L'histoire des mathématiques est marquée, pour la première moitié du XIXe siècle, par l'apparition de journaux qui leur étaient spécifiquement dédiés. Ils permirent à la communauté alors très hétérogène des « géomètres » de se reconnaître et de se structurer pour évoluer rapidement vers une spécialisation rendue nécessaire par la complexité de plus en plus grande des savoirs.

Le premier de ces périodiques, les *Annales de mathématiques pures et appliquées*, de périodicité mensuelle et édité de 1810 à 1832, fut l'œuvre majeure d'un acteur important de cette communauté comme du système d'éducation fraîchement issu des lois napoléoniennes organisant l'enseignement en France. Il s'agit du mathématicien Joseph-Diez Gergonne (1771-1859), personnage caractéristique de cette période post-révolutionnaire de transition vers la spécialisation dans ces nouveaux cadres institutionnels, période qui fut marquée par trois étapes importantes : la création de l'École polytechnique en 1794, celle des lycées en 1802, et enfin celle de l'Université impériale, des académies, et du monopole de l'État sur l'instruction en 1808.

C'est donc à double titre que Gergonne fut un acteur de premier plan du système éducatif français dans le domaine des sciences. D'une part, ses *Annales* furent un vecteur d'échanges, de compétition, d'émulation et de reconnaissance pour tous les enseignants de la discipline, mais aussi pour des mathématiciens non enseignants (autodidactes, militaires, élèves, académiciens, etc.). Elles permirent aussi à leur rédacteur d'y défendre ses vues sur la science et son enseignement, et plus largement ses convictions politiques. Elles furent en outre une référence pour les autres initiatives d'éditions périodiques spécialisées dans les mathématiques qui participèrent de la même volonté de relier tous les acteurs de la discipline. L'allemand Crelle s'en inspira largement pour lancer en 1826 son *Journal für die reine und angewandte mathematik*. Le jeune polytechnicien Joseph Liouville fit de même en 1836, créant le *Journal de mathématiques pures et appliquées* pour combler le vide laissé par la disparition des *Annales* de Gergonne.

D'autre part, le parcours professionnel de Gergonne nous montre un homme engagé dans le système éducatif et ses réformes. Recruté à l'école centrale de Nîmes sur une chaire de mathématiques après une brève mais riche carrière militaire, il parcourut au niveau local tous les échelons qu'offrirent les évolutions institutionnelles : professeur au lycée de Nîmes, puis à la faculté des sciences de Montpellier, et enfin recteur de l'académie du même nom. Dans ces cadres, Gergonne fut un polémiste acharné. Il mit ses fonctions au service de ses idées autant que des intérêts de l'État qu'il représentait, et il suscita tout au long de sa carrière de nombreuses inimitiés locales. Si son amitié avec François Guizot, qui avait été son élève à Nîmes, ne fut pas étrangère à ses promotions et à la longue durée de son rectorat (de 1830 à 1844), la reconnaissance que lui valurent ses *Annales* dans le monde scientifique de son époque joua aussi un rôle évident de protection. Preuves en sont les réponses des ministres aux nombreuses demandes de révocation ou de mutation formulées par les préfets ou autres personnalités locales qui voulurent se débarrasser de lui : elles évoquent toujours son *aura* scientifique et le respect qu'elle implique pour justifier le rejet de ces requêtes[1].

Mais outre ces deux aspects majeurs de l'œuvre et du rôle de Gergonne, nous retiendrons aussi un aspect non négligeable de l'originalité de son apport : sa vision philosophique des sciences en général, des mathématiques en particulier, mais aussi de leur enseignement. Ses *Annales* lui permirent évidemment de l'exprimer à de nombreuses reprises mais, fait unique dans son époque, il parvint même à imposer à la faculté de Montpellier ce qui dut être l'un des premiers cours spécifiquement intitulés « philosophie des sciences » et auquel le philosophe anglais John Stuart Mill, qui fut son élève pendant un semestre, rendit hommage dans ses propres mémoires[2].

## Gergonne et ses *Annales* : intentions et réalité

Gergonne publia ses *Annales* de mathématiques de 1810 à 1832. Son objectif était de donner la parole à une « communauté enseignante » éloignée des sphères parisiennes et de se cantonner à un rôle de rédacteur d'un journal à visées *a priori* « pédagogiques » comme l'affichait son *Prospectus* en 1810[3] :

> « Ces Annales seront principalement consacrées aux *Mathématiques pures*, et surtout aux recherches qui auront pour objet d'en perfectionner et d'en simplifier l'enseignement. Le titre de l'ouvrage annonce assez d'ailleurs que, si l'on n'y doit rien

> rencontrer d'absolument étranger au *Calcul*, à la *Géométrie* et à la *Mécanique rationnelle*, les rédacteurs sont néanmoins dans l'intention de n'en rien exclure de ce qui pourra donner lieu à des applications de ces diverses branches des sciences exactes.[4] »

Dès ce premier texte, on voit la haute idée qu'il se fait de sa science, et on comprend bien que son journal débordera largement du cadre fixé ci-dessus. Il écrit aussi par exemple dans ce même *Prospectus* :

> « … les *Sciences exactes*, cultivées aujourd'hui si universellement et avec tant de succès, ne comptent pas encore un seul recueil périodique qui leur soit spécialement consacré, un recueil qui permette aux Géomètres d'établir entre eux un commerce ou, pour mieux dire, une sorte de communauté de vues et d'idées ; un recueil qui leur épargne les recherches dans lesquelles ils ne s'engagent que trop souvent en pure perte, faute de savoir que déjà elles ont été entreprises ; un recueil qui garantisse à chacun la priorité des résultats nouveaux auxquels il parvient ; un recueil enfin qui assure aux travaux de tous une publicité non moins honorable pour eux qu'utile au progrès de la science.[5] »

L'ambition est clairement affichée : établir une émulation (un « commerce d'idées ») au sein d'une communauté qui se reconnaîtrait et se ferait reconnaître, éviter des recherches inutiles, et assurer la promotion de travaux utiles « au progrès de la science ». Le mot « recherches », agrémenté de l'expression « résultats nouveaux », laisse entrevoir ce qui sera la réalité des *Annales*, journal finalement mixte, entre articles destinés à l'enseignement et articles relevant davantage de ce que nous nommerions aujourd'hui « avancées de la recherche ».

Mais cette « émulation » ne pouvait s'opérer en faisant abstraction d'autres facteurs bien humains tels la vanité, l'orgueil et leurs corollaires : concurrence, esprit de compétition, tricherie même. Son expression ne revêtit donc pas toujours le caractère optimiste affiché à l'origine par le rédacteur des *Annales*, et les conflits furent souvent rudes et acharnés, surtout sur des revendications en paternité de démonstrations ou d'avancées théoriques et conceptuelles[6]. Gergonne n'était pas le dernier à vouloir croiser le fer avec les mathématiciens de son temps : son journal est sans cesse alimenté par ses critiques d'ouvrages (par exemple la *Philosophie mathématique* de Wronski[7]), mais aussi par des articles de ses correspondants, tant sur la forme que sur le fond[8]. La principale polémique impliquant Gergonne qu'ait retenue l'histoire des mathématiques est celle qui l'opposa à Poncelet sur la paternité du principe de dualité[9]. La rudesse des propos échangés était à la hauteur de l'enjeu[10], et l'on a finalement reconnu la complémentarité des travaux des deux adversaires.

La « communauté de vues et d'idées » était elle aussi un idéal qui fut loin d'être atteint, et c'est par ce fait aussi que les *Annales* contribuèrent au développement des mathématiques : les divergences entre les correspondants de Gergonne sur les approches de certains champs mathématiques enrichirent ces derniers, comme le montre par exemple, durant les années 1813-1815, le débat sur la représentation géométrique des imaginaires qui opposa François Joseph Servois, algébriste convaincu, et Argand, père de cette théorie, attaché quant à lui à la légitimation des concepts – et à la simplification des démonstrations – par la figure géométrique.

Mais Gergonne parvint effectivement à toucher l'ensemble de la « communauté » mathématique, des simples élèves de collèges et lycées aux professeurs des facultés ou des grandes écoles issues de la Révolution et de l'Empire, comme aux mathématiciens étrangers, en passant par tous les degrés de la hiérarchie (professeurs de collèges, de lycées, instructeurs militaires, etc.). Le jeu des « questions » et autres « problèmes non résolus » et des réponses que pouvaient y apporter les divers contributeurs fut, dans les *Annales*, un important laboratoire d'idées et d'avancées (comparaison des démonstrations des théorèmes, confrontation de vues pédagogiques ou philosophiques – en particulier sur l'usage de l'analyse dans la géométrie ou sur les modes de présentation du calcul différentiel –, etc.). Mais des articles plus approfondis permettaient aussi aux *Annales* de faire avancer la réflexion sur les façons d'aborder, d'enseigner, et d'enrichir les mathématiques. Citons par exemple l' « Essai sur la théorie des quantités négatives[11] » de Cach, en 1813, agrémenté de notes de Gergonne, en réponse au rejet des quantités négatives isolées dans l'introduction à la géométrie de position de Lazare Carnot ; les articles de Servois sur le calcul différentiel en 1814 et 1815[12], auxquels feront écho ceux de Sarrus en 1821[13] et d'Ampère en 1826[14] ; le débat, toujours avec Poncelet, sur l'utilité de l'analyse dans la géométrie[15].

Quant à la « promotion » de travaux utiles « au progrès de la science », il n'est point besoin ici de démontrer la réussite de Gergonne dans cette entreprise. Non seulement ses *Annales* ont grandement enrichi les mathématiques et sont souvent citées pour cette qualité, mais elles ont en outre ouvert la voie à une forme de communication spécialisée dont nous sommes aujourd'hui coutumiers, la presse périodique mathématique.

## Un personnage et une œuvre de transition : pédagogie, mathématique, philosophie

Gergonne resta cependant fidèle à la dimension pédagogique des *Annales* affichée initialement puisque, même dans les deux dernières années de publication de son journal, et alors qu'il assumait la lourde tâche de recteur de l'académie de Montpellier et ses cours à la faculté, il continua à produire des essais dans ce sens.

Ainsi, de 1809 à 1831, le voit-on revenir sans cesse sur la « langue des sciences » (en réponse à Condillac et au sensualisme), sur la façon dont les enfants acquièrent les connaissances premières, et le souci didactique est toujours présent dans ses publications, par exemple dans ses articles intitulés « De la méthode dans les sciences en général, et en particulier dans les sciences exactes[16] » et « De l'analyse et de la synthèse dans les sciences mathématiques[17] ». Si nous n'avons évidemment pas la place ici de détailler cet aspect récurrent et important de sa pensée, nous en donnerons un exemple emprunté non pas aux textes qu'il lui dédiait, mais à une note de bas de page commentant la polémique entre Argand et Servois sur l'utilité de la représentation géométrique des nombres imaginaires. Cette note illustre très précisément un débat très présent à l'époque sur la manière de présenter les sciences exactes aux élèves. Les héritiers du courant sensualiste prônaient ce que l'on appelait la pédagogie de la « démarche des inventeurs », à savoir la présentation des sciences aux élèves en les mettant dans la situation des inventeurs et en leur faisant en quelque sorte « redécouvrir » les connaissances que l'on souhaitait leur faire acquérir. Gergonne consacra de nombreuses pages à la critique de cette approche, mais sa note en est un résumé explicite :

> « Il serait sans doute fort à désirer que l'esprit humain procédât comme on le fait dans les traités *ex professo* et sur les bancs des écoles ; mais malheureusement cela n'arrive presque jamais. M. Servois a-t-il donc oublié que ce n'est qu'après plus d'un siècle de méditations et d'essais infructueux qu'on est enfin parvenu à asseoir le calcul dit infinitésimal sur des bases solides ? Et encore trouve-t-on aujourd'hui des gens qui prétendent qu'on n'y a pas complètement réussi. Où en serions-nous pourtant si l'on avait exigé des premiers inventeurs de ce calcul, qu'ils démontrassent rigoureusement leurs méthodes avant d'en faire des applications ? Il en a été exactement de même à l'égard des quantités négatives isolées ; et il en sera toujours ainsi de toutes les théories ; l'homme les aperçoit par une sorte d'instinct, bien longtemps avant d'être en état de les démontrer en rigueur.[18] »

S'il critique ici implicitement Wronski et sa *Réfutation de la théorie des fonctions analytiques de M. Lagrange*[19], Lazare Carnot et son rejet des quantités négatives isolées[20], il en profite pour à nouveau attaquer la « méthode des inventeurs » qui, à ses yeux, n'est qu'une vue de l'esprit des héritiers des « métaphysiciens[21] » du XVIIIe siècle.

Mais, représentant d'un monde scientifique en pleine transition (du savoir universel vers un savoir de « spécialistes »), Gergonne conçoit aussi son journal comme le lieu d'un constant débat philosophique sur la science et laisse ses auteurs proposer des textes engagés philosophiquement sur des questions conceptuelles, d'invention, de méthodologie, ou de remise en cause de schémas anciens.

En outre, une part importante des articles apparaît peu accessible aux simples élèves et enseignants et relève davantage, comme nous l'avons écrit plus haut, de l'invention et de ce que nous nommerions aujourd'hui de la « recherche ». On les retrouve dans toutes les branches des mathématiques pures ou appliquées (ou « mixtes »). Mais les articles de philosophie, ou ceux mêlant concepts mathématiques nouveaux et réflexion philosophique, sont classés dans les rubriques « philosophie mathématique », « variétés » ou « correspondance ». Ils sont représentatifs de l'état d'esprit de Gergonne et de ses intentions quant à une vision mixte des mathématiques encore imprégnée des questionnements philosophiques. On ne retrouvera pas cette mixité dans les journaux mathématiques français qui suivront : le *Journal* de Liouville, les *Nouvelles annales* de Terquem et Gerono (même si Terquem s'adonna dans ce journal, comme Gergonne dans ses *Annales*, au jeu de la polémique à caractère parfois philosophique).

C'est donc un Gergonne mathématicien, professeur et philosophe qu'on lit et dont on sent l'empreinte y compris dans les articles de ses correspondants et auteurs. Ce qui est intéressant dans son approche, partagée par d'autres à l'époque, c'est qu'elle montre que la coupure entre mathématiques et philosophie n'est pas encore faite : c'est en ce sens que Gergonne est un homme de transition, et que ses *Annales* sont à la fois le vecteur d'une spécialisation des mathématiques et d'une vision encore duale de celles-ci.

Le fait qu'il ait pu donner un cours de « Philosophie des sciences » à la faculté de Montpellier en témoigne. Et le plan qu'en a donné John Stuart Mill[22] montre bien que Gergonne s'inscrivait dans un héritage classique et fondait son cours sur les vues sensualistes héritées du XVIII^e^ siècle : les titres des chapitres de ce cours reprennent fréquemment la terminologie condillacienne, mais on sait par l'ensemble de ses écrits que c'était pour mieux la combattre. Ses textes philosophiques, très imprégnés de positivisme avant l'heure[23], ont en effet sans cesse été dirigés contre le sensualisme de Condillac et des Idéologues de la Révolution, et contre les effets jugés par lui néfastes de leur « métaphysique » sur les contenus de la science et sur son enseignement. Son premier essai de 1809 était déjà explicite : « sous l'influence ou plutôt à l'abri de l'influence des systèmes métaphysiques les plus disparates, les sciences positives ont toujours marché du même pas vers leur perfection, tandis que les autres ont constamment résisté à nos efforts.[24] »

Sa classification dans les *Annales* des articles de ses correspondants est en elle-même signifiante. On y voit l'invention mathématique (imaginaires, géométrie de position, opérateurs différentiels, etc.) classée dans la rubrique « Philosophie mathématique », même si les articles concernés sont aussi parfois répertoriés dans d'autres rubriques : pour Gergonne, l'invention ne peut se faire sans la réflexion philosophique et critique, sans un débat d'idées autour d'un nouveau concept.

On a retenu de Gergonne son journal, ses apports en mathématiques, mais on a oublié ses écrits philosophiques qui ne sont pourtant pas dénués d'intérêt. Ses articles sur la science en général, sur les définitions, sur la « langue des sciences », s'inscrivent dans une tentative générale de formalisation du langage scientifique et plus particulièrement mathématique. Il est donc bien naturel de le voir esquisser, sur les bases classiques, une logique qu'il veut moderne et sans faille. Nous n'en citerons qu'un exemple, son « Essai de dialectique rationnelle » publié en 1817[25]. Il s'agit en fait d'une formalisation et d'une amélioration des schémas de la logique classique héritée de Port Royal, voire d'Aristote (il s'en réclame). Et ses notations (et son formalisme) ne sont certainement pas étrangères aux logiques qui émergeront après lui et laissent apparaître des symboles (inclusion, intersection, disjonction, etc.) dont certains sont encore utilisés aujourd'hui.

## Un acteur engagé dans les débats de son temps

Gergonne a toujours été un homme engagé. Durant son professorat au lycée de Nîmes, il occupa diverses fonctions à l'académie de cette ville, et afficha sans cesse sa rigueur et ses idées dans ses comptes-rendus[26].

### Mathématiques et politique

À l'exemple de ses illustres maîtres à penser (Monge, Laplace, Lacroix, etc.), Gergonne s'impliqua, depuis sa lointaine province, dans le débat politique de son époque. Il profita en outre de la protection de François Guizot, dont on connaît la brillante carrière en politique sous la monarchie de Juillet.

La seule tribune qui s'offrait à lui était son journal, et il lui devait sa notoriété et sa reconnaissance dans le monde scientifique : l'Académie des sciences le nomma d'ailleurs membre correspondant en 1830, et le nouveau régime issu des Trois Glorieuses le promut au poste de recteur de l'académie de Montpellier la même année.

Gergonne voulait mettre sa qualité de mathématicien au service de ses convictions politiques et apporter sa contribution au débat sur l'organisation des institutions et sur les modes d'élections des diverses représentations nationales ou locales. Il rédigea par exemple en 1815, lors de la chute définitive de Napoléon à la fin des

Cent Jours, un premier article d'arithmétique politique sur la question du vote censitaire intitulé « Quelques remarques sur les élections, les assemblées délibérantes et le système représentatif[27] ». Cet article fut suivi, cinq ans plus tard, d'un autre texte plus strictement politique : « Sur les élections et le système représentatif.[28] »

L'intérêt de ces deux textes de Gergonne est pluriel. Sur le plan de l'histoire institutionnelle, ils nous renseignent, avec des exemples précis illustrant le propos de l'auteur, sur le fonctionnement de certaines institutions de son époque et sur la teneur du débat autour du vote censitaire. Sur le plan de l'histoire des sciences, ils donnent à voir l'implication croissante des mathématiques dans des champs de l'organisation humaine et politique : les nouvelles sciences sociales alors en émergence s'appuieront sur de telles « preuves » mathématiques pour asseoir leur légitimité et s'inscrire dans le paradigme alors dominant, issu du modèle newtonien, d'une science mathématisée et déterministe. Sur le plan de l'histoire des hommes et des idées, enfin, ils nous montrent un mathématicien en prise avec son temps, bien que fort éloigné des épicentres des révolutions de son époque : Gergonne y affiche des positions politiques révélatrices du débat acharné qui occupait la société du début du XIX^e^ siècle.

**Gergonne recteur d'académie**

Mais c'est finalement l'obtention d'un poste cette fois très politique, celui de recteur, qui lui donnera l'occasion de défendre avec force et sans craindre les sanctions ses idées sur la société et sur l'instruction. Dès sa lettre d'acceptation de la fonction de recteur que veut lui confier le duc de Broglie au lendemain des Trois Glorieuses, il affiche sa liberté de ton, son adhésion au nouveau régime, sa critique implicite du peu de moyens dont dispose un recteur, son engagement à servir l'autorité jusqu'à assumer un rôle de police :

> « Voué depuis trente-cinq ans, par un goût des plus prononcés, aux fonctions de l'enseignement, pour lesquelles j'ai même abandonné de très bonne heure, la carrière militaire qui s'offrait à moi sous un point de vue assez brillant ; j'ai vu jusqu'ici, sans envie et sans regrets, les fonctions rectorales dévolues à des hommes qui me semblaient avoir beaucoup moins de titres que moi pour les obtenir ; content de pouvoir me livrer, sans distraction aucune, à des travaux scientifiques qui avaient pour moi le plus grand charme. Quelque sensible que je sois donc, Monsieur le Duc, à la haute confiance dont vous voulez bien m'honorer, je n'aurais pas hésité, à toute autre époque, à vous supplier de me laisser à mes paisibles et modestes occupations, et de faire tomber votre choix sur quelque autre fonctionnaire de l'Université. Mais, les circonstances sont difficiles ; le gouvernement a besoin qu'on lui prête

assistance, pour organiser et consolider l'ordre de choses qu'il a dessein d'établir ; et dès lors je ne dois pas balancer à me dévouer et à concourir à ses vues ; et je le fais d'autant plus volontiers que le changement qui doit en résulter dans ma situation ne m'apporte aucun avantage pécuniaire, si même il ne m'est pas onéreux. Heureux si, dans le nouveau poste où je suis appelé, je puis faire quelque bien, et surtout prévenir l'autorité, lorsqu'elle daignera me faire l'honneur de me consulter, contre d'imprudents bouleversements auxquels des gens intéressés au désordre pourraient tenter de l'entraîner.[29] »

Ces propos sont révélateurs de la position de force dans laquelle se sent l'auteur et de son tempérament affirmé. S'il parle (avec fausse modestie) de ses « paisibles et modestes occupations », il sait très bien que ses *Annales de mathématiques*, sa qualité de correspondant de l'Institut et ses soutiens politiques à Paris (son amitié avec Guizot n'est certainement pas étrangère à sa nomination) lui permettent de traiter quasiment d'égal à égal avec les ministres, ce dont il ne se privera pas par la suite[30].

La fonction de recteur, encore récente en 1830, est toujours mal acceptée par les cadres des autres corps de l'État, les préfets en particulier, qui y voient une concurrence sur le terrain de leurs attributions. Cette fonction avait été créée en 1808 (décret impérial du 17 mars) en même temps que les académies et, plus largement, que l'organisation pyramidale de nos institutions d'éducation : organisant l'Université impériale, ce décret faisait en fait du recteur d'académie le « préfet » de ce ministère au niveau local, enlevant aux préfets de département leur rôle de surveillance dans ce domaine.

L'État s'était en outre déchargé sur les communes de la gestion financière de la plupart des collèges communaux, mais sous la surveillance des recteurs, ce qui valut à ceux-ci d'être aussi mal accueillis au plan local : les collèges communaux, trop liés aux gestionnaires locaux dont ils dépendaient malgré le droit de regard et de sanction de la puissance publique *via* les recteurs, étaient en effet « de niveau très inégal[31] », et les recteurs tentèrent souvent en vain d'imposer les conditions d'une amélioration de ce niveau et de celui des enseignants recrutés souvent sans exigences.

Le clergé, enfin, dessaisi de fait par le même décret d'une grande part de son influence sur l'enseignement, s'en prit régulièrement aux recteurs : la résistance de l'Église s'exprima au niveau local comme au niveau national, atteignant son apogée sous la monarchie de Juillet – c'est ce que nous avons retenu sous le nom de « crise du monopole » –, époque du rectorat de Gergonne[32].

Dans cette période mouvementée, Gergonne cherche, à l'image de son ancien élève devenu ministre François Guizot, à la fois à lutter contre les ignorances et le laxisme des pouvoirs locaux, à élever le niveau d'exigence aussi bien des élèves que de leurs maîtres, tout en adhérant au principe d'une liberté de l'enseignement limitée et sous contrôle. Tout cela est motivé, en arrière-plan – ou plus tard ouvertement –, par ses convictions politiques, proches elles aussi de celles de Guizot et du parti de la Résistance que Louis-Philippe installe au pouvoir en mars 1831. Sachant imminente sa mise à la retraite à la fin de 1843, Gergonne avoue sans retenue cette parenté dans une lettre adressée à son ministre où il revient sur les événements de juillet 1830 et sur sa nomination :

> « Ce fut dans ces circonstances critiques que M. le Duc de Broglie me fit l'honneur de m'appeler à l'administration de l'académie, fonctions que je n'avais ni sollicitées ni même désirées ; et que je n'aurais probablement pas acceptées dans un tems plus tranquille ; parce qu'elles me sortaient tout à fait de mes goûts et de mes habitudes ; mais je me sentais de force à faire tête à l'orage, et je pensai qu'un bon soldat ne devait pas reculer devant le danger. Les avanies de tous genres ne m'ont point [fait] faute, en effet, pendant les six premières années. Je me constituai tout d'abord le Casimir Perrier de l'académie.[33] »

Entre-temps, il s'avéra être un fervent défenseur de l'Université et un fonctionnaire zélé appliquant à la lettre les règles du monopole de l'Université, n'hésitant donc pas à offenser les fonctionnaires des autres corps de l'État et les représentants du clergé. Luttant par exemple en 1832 contre les écoles clandestines, il saisit le substitut du procureur du roi de Sainte-Affrique pour dénoncer certains instituteurs « clandestins », traitant l'un d'entre eux de « contrebandier ». Ses propos et son jugement sur le substitut lui-même parviendront jusqu'au Garde des Sceaux qui transmettra le dossier au ministre de l'Instruction Publique, accompagné de ces mots :

> « Avec une ironie offensante il révoque en doute la véracité de M. Pouget et se plaint amèrement de son refus de poursuivre un Sieur Vernière qu'il traite de contrebandier. En général les plaintes de M. le Recteur de l'académie de Montpellier sur la tolérance des magistrats pour les écoles clandestines sont loin d'être fondées.[34] »

On pourrait multiplier les exemples : les registres des correspondances du recteur Gergonne étaient tenus par lui-même avec rigueur et nous montrent l'étonnante dimension du travail accompli (il se vanta d'avoir écrit dans sa carrière plus de 44 000 lettres). Ces registres permettent aussi de constater qu'un recteur était sollicité sur des domaines extrêmement variés et pouvait avoir à gérer aussi bien les questions financières de tous les établissements secondaires et supérieurs de son académie que les affaires de police et de surveillance politique en leur sein, les demandes de dérogations aux examens, d'exonération de droits d'inscription, les mouvements des personnels, les validations des diplômes, etc.

* * *

On ne peut que reconnaître la pugnacité de ce fonctionnaire, la longévité de sa carrière (et plus particulièrement de son rectorat, de 1830 à 1844), et sa liberté de ton. Certes, l'*aura* scientifique de Gergonne, due essentiellement à l'impact de ses *Annales* et à la reconnaissance des réseaux de mathématiciens qui s'y impliquèrent (n'ayant pas à l'époque de meilleure tribune pour leurs travaux), ne fut pas étrangère à cette liberté que lui laissa l'État dans l'exercice de ses fonctions comme dans ses écrits. Certes, ses appuis politiques ont joué un rôle important dans cette longévité et cette liberté. Mais l'étude détaillée des questions d'instruction qui animaient la société d'alors, et en particulier la lecture des journaux dont la très polémique *Revue de l'instruction publique*, montre qu'un véritable débat politique et idéologique était toléré, voire encouragé, par le pouvoir en place.

Gergonne eut simplement l'avantage supplémentaire que lui procura son amitié avec Guizot, comme en atteste cette phrase que le ministre de l'Instruction publique de 1832 écrivit à son recteur : « Si je ne me trompe, nous nous sommes toujours entendus... Aidez-moi à laisser quelque trace de mon passage dans l'instruction publique.[35] »

L'hommage que lui rendit Joseph Liouville en 1836 en sollicitant son autorisation et en se réclamant de lui pour fonder son *Journal de mathématiques pures et appliquées* est aussi la marque de l'impact de son œuvre sur son temps[36]. Les mathématiciens qui écrivaient dans les *Annales*, frustrés de leur disparition en 1832, s'empressèrent d'ailleurs de reprendre leurs publications dans le *Journal* de Liouville, comme l'a démontré Norbert Verdier[37] : Liouville savait qu'il profiterait de ce « carnet d'adresses » et qu'il bénéficierait de l'héritage que lui léguait Gergonne.

Léopold Crelle, en publiant de Berlin à partir de 1826 son propre journal de mathématiques, avait déjà démontré l'utilité de l'œuvre de Gergonne et l'importance des réseaux que celui-ci avait su constituer : leurs échanges – épistolaires, mais aussi d'articles et d'auteurs – en attestent largement, et ce type de collaboration deviendra pérenne avec Liouville, puis plus tard (à partir de 1842) avec Terquem, Gerono et les *Nouvelles annales de mathématiques*.

On peut donc dire que Gergonne, en créant le premier grand journal de l'histoire des mathématiques, a ouvert une voie sur un plan éditorial (la périodicité et la spécialisation), mais aussi sur celui de la communication et de l'émulation entre mathématiciens. Ses approches plus philosophiques ou pédagogiques ne lui ont pas survécu, Liouville refusant d'entrer dans ce type de considérations. Gergonne et ses *Annales* ont ainsi marqué aussi une étape dans la spécialisation des mathématiques et dans la séparation – pas toujours hermétique, comment le montrent certains articles des *Nouvelles annales* – du mathématique, du philosophique et du pédagogique.

La pédagogie de son temps fut aussi influencée par ses *Annales*, si elle ne le fut pas ou peu par ses essais sur la question. Par le biais des « questions posées » et « questions résolues », Gergonne a non seulement encouragé l'émulation entre mathématiciens, enseignants ou non, mais il a permis d'enrichir les contenus des cours de mathématiques dispensés dans les collèges et les lycées de la première moitié du XIXe siècle : on constate cet apport par le nombre non négligeable d'élèves (évidemment dirigés par leurs maîtres) qui proposent des solutions aux questions posées. La pédagogie a donc pu grâce à lui s'enrichir de façon plus rapide que par le canal habituel de la publication d'ouvrages destinés aux classes des collèges et des lycées. Là aussi son exemple inspira ses successeurs, et le principe des problèmes à résoudre devint un des « outils » importants pour la pédagogie des mathématiques dans de nombreux journaux, plus particulièrement dans les *Nouvelles annales* à partir de 1842.

Pour toutes ces raisons, on peut affirmer que Gergonne fut un acteur important dans l'évolution des mathématiques de son temps. Il fut aussi un acteur impliqué dans la politique et les institutions : sa carrière de recteur d'académie, que nous avons seulement évoquée ici, donne à voir les engagements du représentant de l'État qu'il était devenu dans les débats politiques et idéologiques de son époque.

## Notes

1. Archives nationales (AN), F/17/20829 : Dossier administratif de Gergonne, fonds du Ministère de l'Instruction publique.
2. John Stuart Mill, *Mes mémoires. Histoire de ma vie et de mes idées*, Paris, F. Alcan, 1885.
3. Joseph-Diez Gergonne, « Prospectus », *Annales de mathématiques pures et appliquées* (désormais *Annales*), tome 1, 1810-1811, p. I-IV.
4. Les italiques de ce texte sont fidèles à l'original.
5. *Ibid.*
6. Voir Christian Gérini, *Les « Annales » de Gergonne : apport scientifique et épistémologique dans l'histoire des mathématiques*, Villeneuve d'Ascq, Éditions du Septentrion, 2003, p. 236-250 et 292-329.

7. Hoéné de Wronski, *Introduction à la philosophie des mathématiques et tecnie de l'algorithmie*, Paris, Courcier, 1811. Ouvrage critiqué par Gergonne dans ses *Annales*, tome II, 1811-1812, p. 65-68.
8. Ne le voit-on pas ainsi en 1831 accompagner un article du jeune Liouville sur la théorie analytique de la chaleur de cette note assassine : « Je crois devoir m'excuser, auprès du lecteur, de lui livrer un mémoire aussi maussadement, je puis même dire aussi inintelligiblement, rédigé [...]. Une longue expérience m'a prouvé que le mal dont il est atteint est un mal à peu près incurable » (*Annales*, tome XXI, 1830-1831, p. 181).
9. On pourra consulter par exemple : Jean Dhombres, Mario Otero, « Les *Annales de mathématiques pures et appliquées* : le journal d'un homme seul au profit d'une communauté enseignante », dans Elena Ansejo, Mariano Hormigon (dir.), *Messengers of Mathematics : European Mathematical Journals (1800-1946)*, Madrid, Siglo xxi de España Edifores, 1993, p. 3-67 ; Mario Otero, « Joseph-Diez Gergonne (1771-1859) », *Sciences et techniques en perspective*, n° 37, 1997, p. 35-59 ; Claude-Paul Bruter, *De l'intuition à la controverse*, Paris, Blanchard, 1987.
10. Qu'on en juge par un exemple : – Poncelet : « Quant à l'usage de mettre en deux colonnes les propositions de la géométrie de la règle, il me semble que c'est un double emploi très-pénible, peu motivé quant aux démonstrations » ; – Gergonne : « Voici de nouveau pour moi. Je persiste pourtant à croire, n'en déplaise à M. Poncelet, que mes quelques articles à deux colonnes ont plus effectivement servi la cause de la dualité que ne l'ont fait les 400 pages de son ouvrage [le Traité des propriétés projectives des figures]. » (*Annales*, tome XVIII, 1827-1828, p. 148).
11. Cach (prénom encore inconnu), « Essai sur la théorie des quantités négatives », *Annales*, tome IV, 1813-1814, p. 1-6.
12. François Joseph Servois, « Essai sur un nouveau mode d'exposition des principes du calcul différentiel », *Annales*, tome V, 1814-1815, p. 93-140 et « Réflexions sur les divers systèmes d'exposition des principes du calcul différentiel, et, en particulier, sur la doctrine des infiniment petits », *ibid.*, p. 141-170.
13. Pierre Frédéric Sarrus, « Essai sur le développement des fonctions en séries », *Annales*, tome XII, 1821-1822, p. 289-309.
14. André-Marie Ampère, « Essais sur un nouveau mode d'exposition des principes du calcul différentiel, du calcul aux différences et de l'interpolation des suites, considérés comme dérivant d'une source commune », *Annales*, tome XVI, 1825-1826, p. 329-349.
15. Jean-Victor Poncelet, « Réflexions sur l'usage de l'analise algébrique dans la géométrie ; Suivies de la solution de quelques problèmes dépendant de la géométrie de la règle », *Annales*, tome VIII, 1817-1818, p. 141-155 ; J.-D. Gergonne, « Réflexions sur l'article précédent », *ibid.*, p. 156-161.
16. Notices des travaux de l'Académie du Gard pour l'année 1809, Nîmes, Bibliothèque municipale, sans cote.
17. J.-D. Gergonne, « De l'analyse et de la synthèse dans les sciences mathématiques », *Annales*, tome VII, 1816-1817, p. 345-373.
18. Note de Gergonne dans une lettre de F. J. Servois datée du 23 novembre 1813, *Annales*, tome IV, 1813-1814, rubrique « Philosophie mathématique », p. 228-235.
19. H. de Wronski, *Réfutation de la théorie des fonctions analytiques de M. Lagrange*, Paris, Courcier, 1812.
20. Lazare Carnot, *Géométrie de position*, Duprat, Paris, 1803.

21. Le mot est souvent employé par Gergonne de façon péjorative et désigne essentiellement Condillac et les Idéologues de la Révolution qui diffusèrent ses vues sensualistes.

22. John Stuart Mill, *Mes mémoires. Histoire de ma vie et de mes idées, op. cit.*

23. Gergonne écrit dans ses essais philosophiques des pages qui anticipent la pensée plus tard synthétisée par Auguste Comte, comme nous l'avons montré dans C. Gérini, *Les « Annales » de Gergonne…, op. cit*, p. 140-234.

24. J.-D. Gergonne, « De la méthode dans les sciences en général, et en particulier dans les sciences exactes ». L'original de ce document se trouve à la bibliothèque interuniversitaire de Montpellier (réf. 18 287 XI de la réserve). Il est constitué de 106 pages manuscrites. Un compte rendu en a été fait dans les *Notices des travaux de l'Académie du Gard* pour l'année 1809. Précisons que le nom du rapporteur de ce travail auprès de l'Académie du Gard n'est pas indiqué dans les notices : Mario Otero pense qu'il s'agit de Gergonne lui-même, et il en donne la copie complète (M. Otero, « Joseph-Diez Gergonne (1771-1859) », art. cit.). La comparaison des deux textes et la pratique que nous avons du style et de l'écriture de Gergonne nous ont depuis conforté dans la position de Mario Otero.

25. J.-D. Gergonne, « Essai de dialectique rationnelle », *Annales,* tome VII, 1816-1817, p. 189-228.

26. Cf. C. Gérini, *Les « Annales » de Gergonne…, op. cit.* p. 25-28.

27. J.-D. Gergonne, « Quelques remarques sur les élections, les assemblées délibérantes et le système représentatif », *Annales*, tome VI, 1815-1816, p. 1-11 (juillet 1815).

28. J.-D. Gergonne, « Sur les élections et le système représentatif », *Annales*, tome X, 1819-1820, p. 281-288.

29. AN, F/17/20829 : lettre de J.-D. Gergonne au duc de Broglie, 28 août 1830.

30. Cf. C. Gérini, « J.-D. Gergonne (1771-185), le zèle d'un fonctionnaire et l'esprit critique d'un libre penseur », dans Jean-François Condette, Henri Legohérel (dir.), *Le recteur d'académie. Deux cents ans d'histoire*, Paris, Cujas, 2008, p. 53-74.

31. Cf. Christian Nique, *François Guizot. L'école au service du gouvernement des esprits*, Paris, Hachette éducation, 1999, p. 41.

32. Cf. C. Gérini, « Un recteur de la Monarchie de Juillet face à la crise du monopole », dans J.-F. Condette (dir.), *Les recteurs : deux siècles d'engagement pour l'École (1808-2008),* Rennes, Presses universitaires de Rennes, 2009, p. 77-86.

33. AN, F/17/20829 : lettre de Gergonne au ministre de l'Instruction publique, 30 novembre 1843.

34. AN, F/17/20829 : lettre du Garde des Sceaux au ministre de l'Instruction publique, 24 mars 1832. Cette lettre est aussi révélatrice du malaise qui régnait sur la question du monopole, et qui engendrera les crises que l'on connaît tout au long de la Monarchie de Juillet.

35. Cité par Louis Secondy, « Alceste en rectorie : Joseph-Diez Gergonne, recteur à Montpellier (1830-1844) », *Annales du Midi*, n° 193, janvier-mars 1991, p. 71.

36. Liouville exprima plus élogieusement cet hommage dans l'*Avertissement* du premier numéro de son *Journal de mathématiques pures et appliquées*, tome 1, 1836, p. 1-4.

37. Norbert Verdier, *Le* Journal de Liouville *et la presse de son temps : une entreprise éditoriale et de circulation des mathématiques au* XIX*e* *siècle*, Thèse de doctorat de l'université Paris Sud 11, 2009.

# Chapitre 5

# *Il était une fois l'INSA…* Un réseau d'hommes réformateurs

**Marianne Chouteau, Joëlle Forest et Céline Nguyen**

Situé sur le Pôle scientifique et technologique de la Doua à Villeurbanne, l'Institut national des sciences appliquées (INSA) de Lyon fait aujourd'hui partie des plus grandes écoles d'ingénieurs françaises qui forment en cinq ans[1]. À l'occasion du cinquantenaire de l'INSA de Lyon en 2007, il nous a paru intéressant de revenir sur la genèse de ce qui fut considéré lors de sa création comme un modèle de formation novateur[2].

Pour ce faire, notre principale source d'information fut, d'une part les articles de la presse nationale ou locale qui reviennent sur le projet INSA, d'autre part des écrits publiés par les acteurs impliqués dans le projet (articles dans des revues spécialisées, ouvrages d'analyse, autobiographies, rapports commandés par le gouvernement), enfin les projets de loi, débats et comptes rendus des débats au Parlement et loi créant l'institut.

L'analyse de ce matériau révèle que l'originalité attribuée à l'INSA de Lyon est indissociable du projet politique qui le sous-tend. En effet, nous montrerons que l'avènement de l'INSA de Lyon s'inscrit dans le contexte de la reconstruction et des enjeux que cette dernière représente pour la France. Cependant le projet de formation est lui-même un projet politique, dont le caractère ne réside pas uniquement dans l'absence de concours d'entrée[3] mais dans le fait qu'il conjugue tout à la fois des modalités de recrutement originales liées à cette absence de concours, une propédeutique, et un enseignement en humanités.

Plus encore, la présente contribution nous permettra de souligner que si l'élaboration du modèle INSA est étroitement liée à un projet politique – ce sera l'objet de sa première partie –, elle est également corrélée à la présence de quatre hommes clés : Gaston Berger, René Billères, Henri Longchambon et Jean Capelle, étudiés dans la deuxième partie.

Par là même, nous montrerons les liens qui unissent un projet de formation aux acteurs qui eux-mêmes sont inscrits dans un contexte qui n'est pas neutre.

## Quel projet politique pour le modèle INSA ?

La création de l'INSA de Lyon est indéniablement un projet politique : projet politique dans le sens où il est une réponse à un besoin économique de développement et d'innovation ; projet politique également car il traduit une nouvelle vision de l'enseignement qui s'incarne dans la spécificité du modèle INSA[4].

### Massification de la « production » d'ingénieurs

La volonté de former en masse des ingénieurs est à la base du modèle INSA. Après la Seconde Guerre mondiale, le pays est en effet en pleine reconstruction et le manque d'ingénieurs et de scientifiques est avéré : « en 1950 au lieu de former 4 000 ingénieurs, il aurait fallu décider d'en former dès cette époque 6 800, 8 000 actuellement, 9 500 en 1960, 11 000 en 1965. Mais ces chiffres sont très largement dépassés aujourd'hui puisqu'il faut rattraper le retard. Dès maintenant, il faudrait pouvoir faire entrer dans nos écoles d'ingénieurs au moins 12 000 élèves par an.[5] »

Si cette situation est jugée préoccupante, c'est parce que les ingénieurs sont considérés et largement présentés comme les acteurs clés du développement économique et social. Ils sont en effet, dit-on, le moteur de l'innovation et du renouvellement technique, industriel et scientifique dans des secteurs identifiés comme stratégiques pour la France ; le pays a besoin de trouver des solutions pour se procurer plus de combustible, pour améliorer le développement des sources nationales d'énergie et pour étendre la recherche et l'industrie atomique pacifique[6].

L'enjeu n'est cependant pas exclusivement économique : il est aussi stratégique et symbolique, la France souhaitant se positionner sur l'échiquier international : « La France, où de nouvelles industries se créent chaque jour, a le besoin de développer, et vite, sa technique, si elle veut pouvoir concurrencer les autres pays[7] », alors même que les comparaisons internationales laissent voir, dans ce contexte marqué par la Guerre froide, l'important retard accumulé par la France. Dans son rapport au commissariat général au Plan, Henri Longchambon montre en effet que les pourcentages d'accroissement annuel des effectifs d'ingénieurs en activité en France sont largement inférieurs aux autres pays[8].

Face à cette nécessité de former des ingénieurs en masse, plusieurs solutions ont alors été envisagées. La plus naturelle aurait été d'ouvrir plus largement les portes des écoles existantes. Elle est toutefois rejetée au motif que « les écoles d'ingénieurs traditionnelles ont chacune leur fronton, leur écusson, leur prestige, lesquels sont faits précisément de l'étroitesse du recrutement, de la dureté de la sélection, du petit nombre de ceux qui reçoivent finalement leur diplôme[9] ». Face à l'impossibilité d'accueillir plus d'étudiants dans les écoles existantes, s'est imposée l'idée de concevoir un nouvel établissement à la hauteur des exigences quantitatives de l'époque. S'est alors posée la question du lieu d'implantation dudit établissement.

En la matière, il convient de souligner que la décision de situer ce nouvel établissement à Lyon est étroitement liée à deux facteurs. Le premier concerne la présence d'un milieu industriel très dense en région lyonnaise et déjà fortement lié à celui des écoles techniques. Ce lien commence dès la création, en 1826, de l'école La Martinière. En effet, Henry-Charles Tabareau et son neveu Désiré Girardon créent cette école pour répondre aux besoins des industriels locaux et conçoivent, avec eux, un enseignement à la fois technique et théorique, tourné vers les besoins de la chimie et du textile. L'école La Martinière est l'un des premiers exemples de l'adaptation de la formation technique lyonnaise aux besoins industriels et économiques[10].

L'école La Martinière préfigure la création de l'École centrale de Lyon en 1857 et celle de chimie industrielle en 1883[11]. L'École centrale de Lyon est créée sous l'impulsion de plusieurs industriels lyonnais (Henri Germain, Henri Aymard, Arlès Dufour) et du même Désiré Girardon. Dès lors, le lien entre industriels et écoles d'ingénieurs lyonnaises ne se distendra plus.

Le deuxième facteur décisif est la logique de décentralisation : il faut établir des écoles en province. On peut d'ailleurs faire l'hypothèse qu'Henri Longchambon, chercheur et sénateur lyonnais, a pu jouer un rôle dans le choix de la ville en mobilisant les acteurs de l'économie locale dont on sait qu'ils ont appuyé la création de l'école.

## Un nouveau modèle de formation

L'absence de concours d'entrée est indiscutablement la caractéristique la plus évoquée dans les commentaires publiés à l'époque (voir par exemple les articles de Bertrand Poirot-Delpech dans *Le Monde* en 1957), mais aussi la plus contestée[12] du modèle de formation de l'INSA de Lyon de telle sorte que les créateurs de l'école reviendront beaucoup sur cette modalité de recrutement.

L'idée est simple. Il s'agit de recourir à des méthodes différentes de celles utilisées habituellement, en l'occurrence le recrutement par concours qui, parce qu'il est basé sur une sélection des meilleurs élèves, conduit à « une perte de substance pour la nation, car ceux qui ont été reconnus aptes à suivre les classes de mathématiques supérieures sont certainement des gens de valeur. Peut-être serait-il préférable de se préoccuper d'eux avant qu'ils aient perdu plusieurs années de vaines études[13] ». Si la première raison qui motive l'abandon du concours est le constat que ce dernier – parce qu'il est une modalité de sélection – constitue un « gaspillage de cerveaux », force est de constater que la seconde raison tient davantage à l'efficacité même du concours comme principe de sélection.

Le concours sélectionne, en effet, sur la base de ce que les psychologues ont qualifié *d'intelligence conceptuelle ou théorique* (celle qui évolue avec aisance dans les synthèses abstraites et qui confère les premières places dans les grandes épreuves universitaires) négligeant *l'intelligence imaginative* (celle qui inspire les poètes de la littérature ou des arts plastiques, ou qui apporte un précieux concours aux chercheurs scientifiques) et *l'intelligence pratique ou concrète*

> « qui est celle des réalisateurs, qu'on oppose trop souvent à l'intelligence conceptuelle, frustrant celle-ci de la considération qui lui est due, comme s'il s'agissait d'opposer l'esprit à la matière ![14] ».

À propos du recrutement de la première promotion d'insaliens, Jean Capelle explique en 1958 que l'intelligence théorique

> « a été considérée abusivement, à cause d'une longue influence scolaire, comme la seule véritable intelligence [...]. Nous pensons à l'INSA [...] qu'il y a place, au niveau des cadres les plus élevés, à la fois pour les ingénieurs de recherche et pour les ingénieurs de fabrication, les premiers plus orientés par goût vers les abstractions, les seconds plus intéressés par les applications concrètes, les uns et les autres ne trouvant qu'avantage à posséder par surcroît des qualités d'imagination[15] ».

C'est précisément la prise en compte de ces trois formes d'intelligence qui a conduit à établir des modalités de recrutement, susceptibles de prendre en compte simultanément l'intelligence (en fonction des notes obtenues aux compositions de l'année et au baccalauréat) et le caractère (lors des entrevues au Centre d'orientation professionnelle) afin d'arriver à une estimation plus complète de la personnalité. Ce n'est donc pas tant l'absence de concours d'entrée que les modalités de recrutement qu'elle met en place, qui fait l'originalité de l'INSA, ce qui ne conduit pas pour autant au recrutement de mauvais élèves. Une plaquette de présentation de l'école indique ainsi :

> « trop de parents ont cru que l'INSA, parce qu'il recrutait sans concours, s'intéressait particulièrement aux élèves de second choix, ceux qu'on appelle « faibles » ou « médiocres » dans les classes. Qu'on ne s'y trompe pas, le mode de recrutement de l'INSA place aux premiers rangs les bons élèves traditionnels, à moins qu'ils ne soient vraiment très insuffisants au point de vue des qualités de caractère.[16] »

Les partisans du projet ont d'ailleurs avancé dans les débats précédant le vote de la loi de création que le recrutement sur titre et non sur concours existait déjà dans d'autres pays sans que cela pose de problème en termes de niveau : « le Massachussetts Institute of Technology, qui est la plus grande école américaine d'ingénieurs, et qui produit des techniciens de très haute qualité, recrute sur tests de cet ordre et ses résultats n'en souffrent nullement.[17] »

Le projet de formation de l'INSA de Lyon a d'ailleurs contenu, dès sa conception, une propédeutique destinée à la remise à niveau des élèves en vue de pallier le risque de former « des ingénieurs au rabais », mais aussi de les orienter dans la filière qui s'accorde le mieux à leurs « aptitudes ».

S'il est vrai que le projet de formation de l'INSA a clairement mis l'accent sur l'enseignement pratique, le dernier pilier de ce modèle est l'association de la formation humaine à la formation technique. Ceci se matérialise par la création d'un centre des Humanités dès la naissance de l'institut :

> « en même temps que cette formation d'ordre scientifique, technique, nous avons envisagé pour les élèves, quelle que soit la branche vers laquelle ils se dirigent, une formation de culture générale qui comprendra des humanités, l'initiation aux beaux-arts et une culture juridique et sociale, à laquelle nous attachons la plus grande importance.[18] »

On peut présumer que le besoin en formation humaine peut être en partie compris par l'influence du contexte socio-politique (proximité avec la guerre, évolution des modes de production, ouverture à l'international) et par une conception des rapports entre développement technique et humain envisagée plutôt à propos de l'enseignement technique : « La tâche de notre génération est de réintégrer la technique dans l'humain.[19] » La formation technique ne vise pas à fournir des connaissances seulement techniques mais à « atteindre l'homme tout entier » et à « former le caractère[20] ».

Les piliers de la formation INSA relèvent bien tous d'un projet politique plus global comme d'une vision particulière de la formation. Toutefois, l'élaboration de cette école ne peut être pensée sans prendre en considération les implications des divers acteurs parties prenantes dans la création de l'institut. Cette deuxième partie nous permettra de détailler qui sont les fondateurs de l'INSA de Lyon, quels rôles ils ont joué, et de quels réseaux complémentaires ils proviennent.

## Acteurs, réseaux et rôles dans l'élaboration du projet INSA

L'existence d'un contexte politique, économique et social particulier ou la définition d'un projet de formation ne sont pas suffisantes pour expliquer à elles seules la naissance de l'INSA de Lyon.

Comme nous allons le voir dans cette seconde partie, ce dernier a véritablement été porté par des hommes, soucieux de mener une politique en adéquation avec les besoins économiques, symboliques et de formation évoqués précedemment. Henri Longchambon, René Billères, Gaston Berger et Jean Capelle sont les quatre pères fondateurs de l'INSA de Lyon. Si la nature de leur action et de leur réseau varie, il n'en reste pas moins que tous se retrouvent dans ce projet jusqu'à mettre en place très rapidement une série d'actions complémentaires aboutissant à l'inauguration de l'école en décembre 1957.

**Les acteurs du réseau politique issus de la sphère de Pierre Mendès France : la réforme politique comme mot d'ordre**

Henri Longchambon et René Billères ont ceci de commun qu'ils ont été nommés à des postes politiques par Pierre Mendès France. Leur contribution à l'élaboration de l'école se situe bien en amont et témoigne d'une vision mendésiste.

Dans le processus de création de l'INSA de Lyon, Henri Longchambon pourrait être qualifié de « savant de l'ombre » : scientifique, homme de gauche, doyen de la faculté des sciences de Lyon en 1936, directeur du Centre national de la recherche scientifique appliquée en 1938, il est, selon Antoine Prost, une des « figure d'autorité pour les problèmes de recherche[21] ». Il est nommé par Pierre Mendès France à la tête du secrétariat d'État à la Recherche en juin 1954[22].

Ce dernier, président du Conseil de juin 1954 à février 1955, affiche la volonté de prendre des mesures en matière de recherche et de la doter de moyens efficaces, notamment en terme de formation. Il plaide pour une recherche scientifique renforcée et affirmée, et se pose en homme d'avenir :

> « Mais nous devons également affirmer dès le départ, que l'expansion de la recherche n'est matériellement possible que par une expansion et une transformation concomitantes de notre enseignement scientifique, que dis-je, de tout notre enseignement à tous les niveaux. Tel est semble-t-il le grand principe auquel doit obéir la politique nationale de la recherche.[23] »

Le choix d'Henri Longchambon n'est pas un hasard. Les deux hommes partagent une vision « politique » de la recherche considérée comme moderne dans la mesure où la recherche doit s'institutionnaliser (création d'un secrétariat d'État par exemple), se placer au service du pays (le développement d'un pays est fonction du progrès des sciences et des techniques) et devenir un véritable objet politique dans un contexte de compétition économique internationale[24]. Henri Longchambon, incarne donc la politique de Pierre Mendès France en « plaçant la recherche à la source du développement de la nation[25] ».

Actualisant et prenant appui sur le constat dressé en 1956 par l'industriel Alfred Landucci, lui aussi membre du CSRSPT (Conseil supérieur de la recherche scientifique et du progrès technique), Henri Longchambon affirme le besoin en ingénieurs et milite en même temps pour une école centrée sur la recherche. En tant que président du CSRSPT, il soutiendra la création de l'INSA de Lyon et souhaitera dès 1957 que d'autres écoles de ce type soient créées[26]. Bien qu'étant un homme de l'ombre, son rôle est néanmoins décisif puisqu'il fait prendre conscience, chiffres à l'appui, de la pénurie d'ingénieurs et impulse des directions pour y faire face[27]. C'est sur la base de ce constat et de cette volonté de doter le pays de scientifiques qu'a été décidée, le 26 juin 1956, dans le bureau de René Billères, ministre de l'Éducation nationale, la création d'une école d'ingénieurs de masse[28].

René Billères, qui fait lui aussi partie de la sphère mendésiste, est en effet le porteur politique du projet. Membre du parti radical, il fut secrétaire d'État à la présidence du Conseil, aux relations avec les assemblées et à la fonction publique du 12 novembre 1954 au 23 février 1955 dans le gouvernement Pierre Mendès France. Les deux hommes ont une même volonté de réforme. René Billères, député depuis 1946, a été membre de la commission de l'Éducation nationale à l'Assemblée. Dès son entrée comme ministre de l'Éducation nationale au gouvernement en 1956, il entreprend de réformer l'enseignement[29]. Son projet sera rejeté en raison des réticences politiques, universitaires et syndicales[30].

Leur proximité de vision est perceptible dans les décisions prises par René Billères, alors ministre de l'Éducation nationale, de la jeunesse et des sports (1956-1958). Pour preuve, le message de René Billères lu par Pierre Mendès France lors du colloque de Caen et repris dans le bulletin quotidien des *Cahiers de la République* : « Le Gouvernement est résolu à poursuivre et à accentuer ses efforts en faveur des chercheurs et des techniciens de la recherche comme il s'emploie à accroître les moyens matériels mis à la disposition des laboratoires.[31] »

La politique mendésiste[32] menée par René Billères et Henri Longchambon a ceci d'intéressant qu'elle fait s'entrecroiser l'enseignement, la recherche, l'économie et la politique. Elle tente en quelque sorte de décloisonner ces « champs d'action ». Pour preuve, l'exemple de l'INSA : un savant engagé (Longchambon) rencontre un politique (Billères). La création de l'INSA de Lyon peut être perçue comme l'illustration de ce « principe » fort d'action, rapide et efficace en matière de politique scientifique.

**Une réforme pédagogique menée par des acteurs du système éducatif**

Si la création de l'INSA de Lyon est étroitement liée à l'influence du réseau mendésiste, elle est également fortement marquée par la présence, au ministère de l'Éducation nationale, de Gaston Berger et de Jean Capelle.

Gaston Berger apparaît ici comme l'idéologue du projet[33]. À la fois industriel (il prit très jeune la direction d'une entreprise d'engrais pour la floriculture), philosophe spécialiste de la connaissance et de la phénoménologie d'Edmond Husserl, littéraire, père de la prospective et spécialiste de caractérologie, il occupa au ministère de l'Éducation nationale le poste de directeur de l'enseignement supérieur à partir de 1953[34].

À ce poste, il milite pour l'adaptabilité et pour une orientation des étudiants selon leurs aptitudes. En effet, Gaston Berger souhaite que le modèle INSA puisse éprouver les aptitudes et les vocations des étudiants par une mise en contact avec des activités (travaux dirigés, stage) et moins par la seule maîtrise des connaissances[35]. C'est lors de la première année que chaque étudiant sera observé afin de déterminer ses aptitudes et la meilleure filière (ingénieur de recherche, de fabrication ou technicien supérieur).

Déjà en 1956 il souhaitait et affirmait la suppression du concours d'entrée aux grandes écoles :

> « Il faut que les bacheliers cessent d'épuiser pendant 3 ou 4 ans leurs forces physiques, intellectuelles et financières dans la préparation des grands concours scientifiques avec la seule alternative d'être reçus ou recalés.[36] »

Il fait aussi de l'ingénieur une figure humaniste[37].

La vision de Gaston Berger trouve un écho chez René Billères qui, à propos de son projet de réforme de l'enseignement et lors de son audition auprès de la commission de l'Éducation nationale de l'Assemblée nationale, le 25 juillet 1956, fait mention de « l'école-institut de Lyon » comme d'un lieu « utilisant toutes les capacités de ceux qui viendront dans cette école[38] ». Ceci montre, entre autres, que René Billères évoque là des idées similaires à celle de Gaston Berger quant à la souplesse et l'adaptabilité. Ces idées ne sont pas sans rappeler la « philosophie » des réformes souhaitées par Jean Zay (1936-1938) et celles présentées dans le plan Langevin-Wallon (1947) : démocratisation de l'accès aux études, mise en place de possibilité d'orientation en fonction des aptitudes et de la personnalité[39]. L'INSA de Lyon se situe indiscutablement dans cette perspective.

L'élaboration de l'INSA de Lyon ne peut donc se comprendre sans Gaston Berger, au centre d'un réseau administratif irrigué par ses idées et ses projets. Si

Henri Longchambon a identifié le problème, si René Billères a porté le projet au niveau politique, Gaston Berger a certainement catalysé une équipe autour de ses idées et de sa volonté de réforme. C'est ainsi qu'en février 1957, en accord avec le ministre Billères, Gaston Berger appelle Jean Capelle pour administrer le projet de création de l'INSA de Lyon[40].

Une fois la création de l'institut validée et le concept de cette nouvelle école esquissée s'est en effet posée la question de l'acteur susceptible de porter un tel projet. René Billères fait appel à Jean Capelle alors recteur à Dakar. Pourquoi le ministre fait-il appel à cet homme ? Tout d'abord, il y a sans doute la réputation dont jouit Jean Capelle : « homme de terrain », « homme à poigne », Jean Capelle est vu comme un homme efficace, ferme et actif. De plus, celui-ci a déjà mené des projets pour l'Éducation nationale. Il a été directeur de l'institut électrotechnique de Nancy dans le but d'améliorer la formation locale des ingénieurs[41], recteur de l'académie de Nancy (1949-1954) et de l'académie de Dakar (1954-1957). C'est certainement grâce à cette grande expérience qu'il a été repéré puis « recruté » par René Billères[42].

Le choix de Jean Capelle s'explique aussi par les liens qui l'unissent à Gaston Berger. Les deux hommes ont ceci en commun qu'ils ont travaillé dans le milieu industriel. Cette proximité professionnelle leur confère sans doute une proximité intellectuelle. De plus, ils ont déjà eu l'occasion de travailler ensemble sur des projets pédagogiques et notamment sur la création de l'université de Dakar en 1957. Gaston Berger soutenait en effet l'initiative de Jean Capelle : soutien qu'il lui avait par ailleurs apporté entre 1947 et 1949 lorsque Jean Capelle était directeur général de l'enseignement en Afrique-Occidentale française[43].

C'est donc en toute logique que Gaston Berger va interférer auprès de Jean Capelle pour que ce dernier devienne le premier directeur de l'INSA de Lyon dès son ouverture fin 1957 : « Sur l'insistance de M. Gaston Berger, j'avais accepté la mission que le ministre de l'Éducation nationale voulait me confier.[44] »

En acceptant la mission de « monter » l'INSA de Lyon et de le diriger jusqu'en 1961, Jean Capelle témoigne de ses compétences d'administrateur pour le compte du ministère de l'Éducation nationale. Homme de défi, Capelle est un acteur du réseau administratif de René Billères et Gaston Berger. Il organise la nouvelle école en fonction des principes détaillés plus haut, en accord avec les idées formulées par Gaston Berger.

**Conclusion : contexte, acteurs et enseignement scientifique et technique**

Cette étude nous a conduit à souligner que comprendre la création de l'INSA de Lyon implique nécessairement de considérer à la fois le contexte socio-politique producteur d'un projet politique (et d'une formation en adéquation) et le rôle particulier qu'ont joué Gaston Berger, Henri Longchambon, René Billères et Jean Capelle.

L'histoire de la genèse de l'INSA de Lyon illustre l'intérêt qu'il y a à favoriser une vision globale de l'histoire de l'enseignement scientifique et technique qui mêle acteurs et contexte d'action. De plus, analyser isolément les contenus de formation nous prive de l'influence et des visions des acteurs impliqués et donc d'observer la spécificité des établissements. On voit bien dans le cas qui nous concerne, que la formation (non pas à travers l'exact contenu des disciplines mais à travers une philosophie de la formation basée sur la souplesse, l'orientation, les aptitudes, l'ouverture sur le monde) n'est pas seulement le produit d'un contexte (un besoin en ingénieurs) mais aussi le résultat de l'action d'un réseau d'hommes qui répondent, avec leurs idées et leurs moyens, à ce contexte. L'INSA de Lyon a donc été la concrétisation d'un projet politique porté par des hommes aux convictions communes et aux rôles complémentaires. Ne doit-on pas nécessairement opérer un constant aller-retour entre le local et le national, le particulier et le général afin de mieux comprendre l'évolution et l'élaboration de l'enseignement scientifique et technique ?

## Notes

1. L'INSA de Lyon diplôme actuellement plus de 800 ingénieurs par an dans dix spécialités.
2. Bertrand Poirot-Delpech, « L'Institut de Lyon sera la première école d'ingénieurs sans concours », *Le Monde*, 7 février 1957.
3. Il existait déjà des écoles d'ingénieurs sans concours avant la Seconde Guerre mondiale : l'Institut de chimie de Paris, l'Institut universitaire de chimie de Rennes, l'Institut de chimie de Rouen, l'Institut polytechnique de l'Ouest, etc. Voir Virginie Champeau-Fonteneau, *De l'IPO à l'ENSM (1919-1969). Les oscillations d'une école d'ingénieurs en quête de son identité entre industrie et recherche sur les matériaux dans la région nantaise*, thèse de doctorat, Université de Nantes, 2001.
4. Quand nous parlons du modèle INSA, il s'agit bien de celui discuté en 1957.
5. Charles Viatte, dans *Journal officiel de la République française (JORF). Débats parlementaires. Assemblée nationale*, 1re séance du mardi 5 février 1957, p. 633.
6. Madeleine Marzin, dans *JORF. Débats parlementaires. Assemblée nationale*, 1re séance du mardi 5 février 1957, p. 634.
7. Étienne Gagnaire, dans *JORF. Débats parlementaires. Assemblée nationale*, 1re séance du mardi 5 février 1957, p. 635.

8. Henri Longchambon a rédigé un rapport en vue du IIIe Plan de modernisation et d'équipement publié en 1957 et commandé par le commissariat au Plan en mars 1956. D'après ce rapport, ce taux d'accroissement était de 6,7 % aux États-Unis, de 3,6 % aux Royaume-Uni alors qu'il se situait aux alentours de 1 % en France.

9. H. Longchambon, *Journal officiel de la République française. Débats parlementaires du Conseil de la République*, séance du 12 mars 1957, p. 682. C'est aussi pour des questions de prestige que plus localement, à Lyon, un projet de fusion de l'École centrale et de l'École de chimie avait été rejeté, entre autres, par les anciens élèves soucieux de l'image de leur école. Cf. René Boirel, *L'avènement de l'INSA,* Lyon, Association des anciens élèves de l'INSA de Lyon, 1983.

10. Marianne Thivend, Sylvie Schweitzer, *État des lieux des formations techniques et professionnelles dans l'agglomération lyonnaise. XIXe siècle-années 1960*. Recherche financée par le programme Éducation et formation : disparités territoriales et régionales, 2005.

11. En fusionnant avec l'Institut de chimie et physique industrielles (ICPI) en 1993, cette école donnera naissance à l'École supérieure de chimie physique électronique (CPE) de Lyon.

12. La critique du système des concours d'entrée « à la française » revient régulièrement sur le devant de la scène. Dans un article consacré à l'Institut électrotechnique de Nancy, Françoise Birck mentionne par exemple que cela est le cas lors de la Première Guerre mondiale. Cf. F. Birck, « De l'Institut électrotechnique de Nancy à l'École nationale supérieure d'électricité et de mécanique », dans Françoise Birck, André Grelon (dir.), *Un siècle de formation des ingénieurs électriciens. Ancrage local et dynamique européenne, l'exemple de Nancy*, Paris, Éditions de la Maison des sciences de l'Homme, 2006, p. 23-90.

13. C. Viatte, *JORF. Débats parlementaires. Assemblée nationale,* 1re séance du mardi 5 février 1957, p. 633.

14. C. Guillou, « L'Institut national des sciences appliquées de Lyon », *La Machine-Outils*, n° 178, juillet, 1962, p. 143.

15. J. Capelle, « Les débuts et les perspectives de l'Institut national des sciences appliquées », *Revue de l'enseignement supérieur*, n° 1, janvier-mars 1958, p. 82.

16. INSA, *Année scolaire* 1961-1962, p. 35.

17. H. Longchambon, *JORF. Débats parlementaires. Conseil de la République,* séance du 12 mars 1957, p. 683.

18. René Billères, *JORF. Débats parlementaires. Assemblée nationale*, 1re séance du mardi 5 février 1957, p. 637.

19. Jean Fourastié, « Le progrès technique et le progrès social », dans *Encyclopédie générale de l'enseignement technique*, Paris, Rombaldi, 1954, p. 35.

20. Albert Buisson, « Introduction : le problème de l'enseignement technique », dans *Encyclopédie générale de l'enseignement technique, op. cit.*, p. 14.

21. Antoine Prost, « Les origines des politiques de la recherche en France (1939-1958) », Reprint des *Cahiers pour l'histoire du CNRS 1939-1989*, n° 1, 1988, p. 5. Consultable sur : http://picardp1.ivry.cnrs.fr/AP1.pdf,

22. Il quittera le poste de secrétaire d'État en février 1955 mais sera président du Conseil supérieur de la recherche scientifique et du progrès technique (CSRSPT) jusqu'en 1958.

23. Pierre Mendès France, « Pour une politique nationale de la recherche », paru en janvier-février 1957 dans les *Cahiers de la République* et repris dans Alain Chatriot, Vincent Duclert (dir.), *Le gouvernement de la recherche. Histoire d'un engagement politique, de Pierre Mendès France à Charles De Gaulle (1953-1969)*, Paris, La Découverte, 2006, p. 371-378, citation p. 375.

24. Jean-Louis Crémieux-Brilhac, « Modernité de Mendès France. Pour une politique de la recherche scientifique », *Matériaux pour l'histoire de notre temps*, n° 63, 2001, p. 133-135 ; V. Duclert, « Pierre Mendès France et la recherche scientifique. Le sens d'une action gouvernementale », dans A. Chatriot, V. Duclert (dir.), *Le gouvernement de la recherche, op. cit.*, p. 45-61.

25. Diane Dosso, « Henri Longchambon (1896-1969), secrétaire d'État de Pierre Mendès France », dans A. Chatriot, V. Duclert (dir.), *Le gouvernement de la recherche, op. cit.*, p. 89. Antoine Prost avance l'idée qu'Henri Laugier, père fondateur du CNRS, aurait recommandé H. Longchambon, autre père fondateur du CNRS à Pierre Mendès France. Et ce n'est pas un hasard si les deux hommes se retrouvent d'ailleurs par la suite au colloque de Caen (novembre 1956), que Pierre Mendès France a présidé. Cf. A. Prost, « Les origines des politiques de la recherche en France (1939-1958) », art. cit.

26. Henri Longchambon mentionne l'INSA comme étant une réponse nécessaire mais non suffisante à cette pénurie et parle alors d'Instituts nationaux des sciences appliquées. Cf. H. Longchambon, *Rapport du Conseil supérieur de la recherche scientifique au commissariat général au Plan, en vue du III^e^ plan de modernisation*, p. 37.

27. Jean Capelle dans son ouvrage *L'éducation en Afrique noire à la veille des indépendances*, Paris, Karthala-ACCT, 1990, revient sur la création de l'INSA et affirme que Gaston Berger, directeur de l'enseignement supérieur plaide pour situer l'INSA à Lyon (p. 289).

28. R. Boirel, *L'avènement de l'INSA, op. cit.*, p. 32.

29. Dans « Pour une politique nationale de la recherche », art. cit., Pierre Mendès France indique que la réforme de l'enseignement entreprise par le ministre a pour objectif de « provoquer un élan généralisé au service de la science » en démocratisant l'accès aux études scientifiques (p. 375).

30. François-Georges Dreyfus, « Un groupe de pression en action : les syndicats universitaires devant le projet Billères de réforme de l'enseignement (1955-1959) », *Revue française de science politique*, vol. 15, n° 2, 1965, p. 213-250.

31. R. Billères, Audition par la commission de l'Éducation nationale de l'Assemblée nationale à propos de la réforme de l'enseignement, 25 juillet 1956. Archives nationales, C 15 809.

32. Cf. V. Duclert, « Pierre Mendès France et la recherche scientifique. Le sens d'une action gouvernementale », art. cit.

33. Pour Gaston Berger, penser l'invention technique, c'est s'extraire de l'innovation comme simple application des sciences au profit d'une conception de la technique qui donne les moyens de nous penser nous-mêmes. Cf. M. Chouteau, J. Forest, C. Nguyen, « Conceptions de l'innovation et formation de l'ingénieur », *Cahiers du musée des confluences*, 2011 à paraître.

34. Maurice Bayen, « Gaston Berger (1896-1960) », *Revue de l'enseignement supérieur*, n° 4, octobre-décembre 1960, p. 5-10.

35. « Une nouvelle conception de la formation des ingénieurs et des techniciens : l'institut national de Lyon », *L'Éducation nationale*, n° 8, 21 février 1957, p. 2.

36. B. Poirot-Delpech, « Le directeur de l'enseignement supérieur suggère la suppression des concours d'entrée en grandes écoles », *Le Monde*, 8-9 avril 1956.

37. « L'institut national des sciences appliquées a été officiellement présenté hier aux Lyonnais », *L'Écho-Liberté*, 16 février 1957.
38. R. Billères, Audition par la commission de l'Éducation nationale, 25 juillet 1956. Archives nationales, C 15 809.
39. F.-G. Dreyfus, « Un groupe de pression en action », art. cit.
40. J. Capelle, *L'éducation en Afrique noire, op. cit.*
41. F. Birck, « De l'Institut électrotechnique de Nancy… », art. cit., p. 74.
42. Une autre raison, cette fois plus personnelle, a sans doute influencé René Billères dans son choix : les deux hommes sont issus de la même promotion de l'École normale supérieure. C'est donc en toute logique que René Billères sollicite Jean Capelle pour diriger l'INSA qui accepte. Cf. J. Capelle, *L'éducation en Afrique noire, op. cit.*, p. 289.
43. Léopold Sedar-Senghor, « Préface », dans J. Capelle, *L'éducation en Afrique noire, op. cit.*, p. 5-9.
44. J. Capelle, *L'éducation en Afrique noire, op. cit.*, p. 289.

# Chapitre 6

# Créateurs et acteurs des universités de technologie en France

**Yves-Claude Lequin et Pierre Lamard**

Les acteurs, ceux qui conçoivent ou qui réalisent, existent et agissent en fonction de contextes et de processus historiquement déterminés. Tout comme « l'homme » n'existe que dans et par la société[1], il ne faudrait pas que le légitime souci de valoriser les initiatives personnelles et la marque de fortes personnalités nous ramène aux légendes dorées (« grands hommes ») ou noires (« génies malfaisants »), nous privant de la compréhension des processus où ils inscrivent leur action. Concernant les universités de technologie créées en France entre 1972 et 1999, nous avons été surpris par le nombre élevé de personnes revendiquant leur paternité sur tel établissement, exagération et réalité : un établissement universitaire est toujours création collective, comptant de nombreuses fées autour du berceau.

Les personnalités deviennent des acteurs lorsqu'elles rencontrent des mouvements et des forces sociales qui leur sont favorables ou dont elles savent faire des atouts. Oppositions et contradictions contribuent aussi à faire avancer des solutions neuves. La création de nouveaux établissements d'enseignement déborde l'application de découvertes scientifiques ou de doctrines pédagogiques : ce sont toujours des choix politiques fondamentaux, associés à des choix de société (économiques, techniques, idéologiques) opérés par des hommes concrets ou par des acteurs collectifs (organismes d'État, entreprises, voire réseaux, etc.). Nous aborderons cette problématique à propos des trois universités de technologie établies entre 1972 et 1999 à Compiègne, Troyes et Belfort-Montbéliard[2].

## Une dynamique contradictoire

Tout en détruisant plus qu'aucune autre avant elle, la Seconde Guerre mondiale a suscité de nouvelles capacités de développement, notamment scientifiques, industrielles, organisationnelles (planification, coordination, grands programmes de recherche, etc.). Elle a aussi renouvelé les exigences démocratiques en France et dans le monde : de nombreuses institutions créées à la Libération en portent la marque (CNRS, CEA) et pendant au moins deux décennies, des hauts responsables (notamment dans le technique) sont d'anciens résistants aux références communes.

**De l'immobilisme à l'industrialisation massive**

En figeant de nombreuses situations et en fondant des Blocs, la Guerre froide génère une compétition accrue, à laquelle tous les débats sur les réformes scolaires et universitaires se réfèrent. Contradictoirement, après la clôture des réformes de la Libération, prévaut l'idéal d'un retour à l'état ancien : repli commercial sur l'Empire colonial, augmentation du temps de travail (jusqu'en 1966) et freinage salarial sont trois caractéristiques françaises[3]. Après l'abandon du plan Langevin-Wallon en 1947, la réforme scolaire ne cesse de piétiner, seules quelques bribes de mesures voient le jour, tels, en 1952, le brevet de technicien et les centres régionaux associés au CNAM. L'écart ne cesse de se creuser entre nouveaux besoins (ceux de la population, ceux de l'économie) et l'état du pays qui tend à l'inertie. La pénurie de personnels qualifiés, ouvriers, techniciens comme ingénieurs, ne cesse d'être relevée. Certes, la recherche technique est fortement impulsée depuis la Libération, mais vers 1950, la France reste schématiquement écartelée entre quatre pôles : universités sans technique, écoles d'ingénieurs sans recherche ni sciences sociales, grands centres publics de recherche technique qui n'enseignent pas (CNRS, CEA, INRA, INSERM, CNES, etc.) et entreprises qui investissent relativement peu. La France innove peu.

La dislocation de l'Empire colonial français constitue un déclic : la fin de marchés protégés oblige les entreprises et l'État à se réorienter vers l'Europe et ses marchés concurrentiels, donc à moderniser l'industrie française ; à cet égard, la simultanéité du traité de Rome et de la création de l'institut national des sciences appliquées (INSA) de Lyon (1957) ne doit rien au hasard. Par ailleurs une série d'institutions internationales (parmi lesquelles le Conseil de l'Europe, l'OCDE, l'UNESCO) favorise l'émergence d'une réflexion sur l'enseignement technologique, dont elles inspirent souvent le cadre théorique, la terminologie et les propositions.

**Le champ de l'enseignement et de la formation : les premières grandes transformations**

Dans ce champ de tension, on débat beaucoup : articles, interventions parlementaires, rapports… Les gouvernements Mendès France (1954) et Edgar Faure (1955) en sont des temps forts : planification, école, territoire, Europe, relations sociales, etc. Sous le gouvernement Guy Mollet (1956-57), sont opérés plusieurs choix décisifs : budget scientifique, colloque de Caen (novembre 1956), rapport Longchambon (juin 1957) ; l'initiative la plus retentissante est la création de l'INSA de Lyon en mars 1957, sous l'impulsion du trio Longchambon, Billères, Capelle, avec Gaston Berger en arrière plan[4] : la nouvelle école vise à former 25 % d'ingénieurs en plus, tout en démocratisant le recrutement et la pédagogie. Toutefois, sous la pression des grandes écoles et de l'université, l'INSA se voit freiné et partiellement normalisé après 1961. Le problème de fond persiste.

La Cinquième République dote l'État de moyens d'action puissants, centralisés et autoritaires : les décisions majeures sont prises hors du Parlement et coordonnées à une politique vigoureuse d'industrialisation. Une grande réforme scolaire est promulguée le 6 janvier 1959 (scolarité obligatoire à 16 ans, organisation d'un « cycle moyen »), qui fait croître les effectifs de bacheliers puis de techniciens – le brevet de technicien supérieur (BTS) est créé en 1962. Après 1961, d'autres écoles d'ingénieurs, décentralisées, sont ouvertes : cinq écoles nationales d'ingénieurs (ENI) formant des « ingénieurs de fabrication » sont créées à Belfort, Brest, Metz, Saint-Étienne, Tarbes, ainsi que deux INSA à Rennes et Toulouse, pour répondre aux demandes des entreprises, tout en contournant le malthusianisme des grandes écoles et le désintérêt des universités.

Le gouvernement tente également de faire évoluer les grandes écoles (rapport Boulloche de 1963) puis crée les instituts universitaires de technologie (IUT) en 1966[5], à l'extrême bord des universités. Une première vague de trente-neuf IUT voit le jour entre 1966 et 1968, essentiellement en province[6]. Il s'agit là de la première initiative d'envergure pour introduire une formation supérieure faisant explicitement référence à la technologie, ici définie comme « formation scientifique et technique de caractère concret, bien adaptée aux réalités contemporaines », sans structures de recherche analogues aux universités, à quelques exceptions près. La question des ingénieurs reste entière (nombre, ouverture à la complexité croissante des entreprises et du monde). C'est dans ce contexte que surgit l'idée d'une formation d'ingénieurs par de nouvelles universités, ce qui était totalement inédit en France.

## Compiègne ou l'invention du concept « université de technologie »

Pendant longtemps, Guy Deniélou fut seul crédité de la création de l'université de technologie de Compiègne (UTC), puis celle-ci a été en quelque sorte naturalisée, comme si elle n'existait que par elle-même. La réalité est plus complexe :

l'UTC survient dans la continuité du mouvement amorcé avec l'INSA de Lyon en 1957 (pour les ingénieurs) et les IUT en 1966 (pour les techniciens), mais aussi en rupture avec eux. Jusque-là, l'État restait l'acteur majeur, tandis que pour l'UTC, l'État émet un projet, dont il délègue la conception à de grandes entreprises et à leurs hommes. Ce sont eux qui définiront un nouveau profil universitaire et en rendront compte à l'État, qui conduira l'exécution.

**Le choix stratégique : pourquoi et comment ?**

Pour l'essentiel, la création de l'UTC fut une décision politique faisant converger deux visées. Il s'agit d'abord de réaménager le territoire parisien. La question de nouvelles universités se pose en effet avec l'engorgement de Paris et en prévision de la massification des universités issue du baby-boom et de la massification de l'enseignement secondaire. Sont ainsi établies les premières facultés nouvelles : Jussieu (1959), Nanterre (1964), Orsay (1965[7]), Villetaneuse (1966). Au rejet populaire, dès 1966, de la sélection à l'entrée de l'université, le second colloque de Caen organisé en novembre 1966 par l'Association d'étude pour l'expansion de la recherche scientifique (AEERS) oppose la création d'universités expérimentales (Marseille-Luminy, Tours et Montrouge). La question rebondit sur de nouvelles bases en 1968.

La création de l'UTC procède aussi de 1968 et de la réorganisation universitaire qui résulte des événements de mai : après le triomphe UDR le 30 juin 1968, les volontés réformatrices de la droite renaissent à travers le projet de loi d'orientation de l'enseignement supérieur d'Edgar Faure, qui reprend partiellement les propositions du second colloque de Caen[8].

Une fois promulguée la loi d'orientation de l'enseignement supérieur du 12 novembre 1968, sont aussitôt créées deux universités (Vincennes, Dauphine[9]), tandis que l'université de Paris est divisée en treize universités distinctes (1971). Dans le reste de la France, d'autres universités voient le jour, comme l'université des sciences et technologies de Lille. Plusieurs responsables sont tentés par des solutions centrifuges « californiennes » (comme Sophia-Antipolis en 1968) ou « provinciales » (Compiègne), ou encore « protégées » des influences universitaires. Par exemple, trois instituts nationaux polytechniques, fédérant des écoles d'ingénieurs de leur région, sont constitués en octobre 1969 autour de Grenoble, Nancy et Toulouse. Le président Pompidou et son ministre de l'Éducation nationale Olivier Guichard imaginent, au nord de Paris, une université d'un nouveau type, une « université de sciences et techniques Paris-Nord ». Elle aurait pu être établie à Villetaneuse, hypothèse d'abord envisagée[10]. Elle sera finalement éloignée de Paris pour aboutir à Compiègne. Entre-temps, un autre aspect du débat resurgit : celui d'universités principalement consacrées à la technique et à l'ingénierie.

L'idée de créer des « universités techniques » est abordée au moins en deux circonstances : à gauche, pendant le débat parlementaire de l'automne 1968..., et à droite en 1971, lors des préparatifs de la triple loi sur la technologie, particulièrement celui sur l'enseignement technologique[11]. Les acteurs de cette « préhistoire » varient donc.

Dès 1968, le projet d'universités techniques est porté dans le débat parlementaire. Roland Leroy, député communiste de Seine-Maritime, souligne « la nécessité de développer l'enseignement technologique au sein des universités. [...] Il s'agit d'abord, et directement, des besoins de l'économie, de l'administration, de la santé. Il s'agit aussi d'une réévaluation du concept de culture. [...] la technique devient une composante de la culture[12] ». De son côté, René Billères, radical et député FGDS[13], qui avait porté l'INSA de Lyon sur les fonds baptismaux, prône « au niveau du second degré, comme dans le supérieur, la création d'un grand enseignement technique moderne, non seulement d'efficacité, mais de qualité et de culture que notre pays attend encore aujourd'hui[14] ». À droite, Jean Capelle (qui n'est plus haut-fonctionnaire, mais député UDR depuis le 30 juin 1968) intervient en commission pour soutenir « la création d'universités techniques, distinctes des instituts actuels[15] », mais ne persiste pas comme rapporteur du projet de loi.

En 1971, lors de l'examen du projet de loi sur l'enseignement technologique, J. Capelle est à nouveau rapporteur. En commission, il demande que le terme « technologique » soit réservé au supérieur et le terme « technique » au secondaire[16] car, dit-il : « Il faudra donc assurer le couronnement de l'enseignement technique par la création de véritables universités techniques ayant toutes les attributions des universités traditionnelles.[17] » Capelle reste dans la tradition gaullienne et c'est dans le cadre universitaire qu'il conçoit les formations techniques supérieures, par multiplication d'INSA ou d'établissements comparables. Mais à l'ère de Georges Pompidou, puis de Valéry Giscard d'Estaing, ce n'est manifestement plus ce qui prévaut à la tête de l'État. Aussi Capelle n'est-il plus entendu à droite[18] et mis à l'écart de la réflexion qui conduira à l'UTC, à la fois contre la gauche (hors de l'Université, hors du contrôle démocratique) et hors de la tradition gaulliste (enseignement et recherche publics, recherche technique comme application des sciences physiques).

**Des acteurs collectifs : le « groupe Delapalme[19] »**

Un premier groupe constitué d'universitaires et d'industriels travaille entre octobre 1969 et février 1970 sous la direction d'un cadre administratif du Commissariat à l'énergie atomique, pour concevoir une nouvelle université de sciences et techniques à Paris-Nord ; son rapporteur, le recteur Saurel en remet les conclusions qui aboutiront à l'université de Villetaneuse. Mais le groupe est réorienté vers des voies plus novatrices, sous la direction d'un nouveau chef de projet, Bernard Delapalme, qu'Olivier Guichard, devenu ministre de l'Éducation nationale, nomme en août 1970.

Né en 1923, fils d'industriel, Delapalme est polytechnicien. Successivement enseignant d'électronique aux futurs officiers de marine (1951-1956), directeur-adjoint du Centre d'études nucléaires de Grenoble (1956-1964), avant d'entrer à Elf-Aquitaine, comme directeur de la recherche (1966-1985), Delapalme est un archétype d'éminence grise, auquel font appel ministres et dirigeants de grands groupes.

Le groupe animé par Delapalme est constitué de huit personnalités de l'université, l'industrie et la haute fonction publique ; il se transformera en un « Conseil provisoire de l'université de technologie de Compiègne » avant même que l'université soit constituée, précisément en vue de la fonder. Sa première réunion se tient en février 1972 sous la présidence du ministre de l'Éducation nationale Olivier Guichard, en son cabinet.

En 1970, B. Delapalme écrivait : « une condition importante de la réussite d'une telle opération me paraît être la désignation, dès le départ, d'une petite équipe qui en ait la responsabilité, et qui y consacre la totalité de son temps. Ceci vaut notamment pour l'animateur de cette équipe.[20] » Dans une lettre du 2 février 1971, adressée à O. Guichard, il définit le profil requis pour diriger le futur établissement : « Président : personnalité indiscutable, tant du point de vue des universitaires que de celui du monde industriel [...].[21] »

Pour établir puis diriger la future université de Compiègne, le groupe Delapalme retient trois candidatures – deux scientifiques et un ingénieur –, dont les profils illustrent l'éventail à l'intérieur duquel il réfléchit. Les scientifiques sont André Astier, professeur de physique nucléaire et des hautes énergies, qui travaille depuis les années 1950 au laboratoire de L. Leprince-Ringuet à l'École polytechnique et Jacques Metzger, chimiste nancéen qui avait fondé et dirigeait à Marseille un institut de pétroléochimie (IPSOI) formant des « ingénieurs de projet ». C'est finalement l'ingénieur, Guy Deniélou, qui est choisi, imposé par Delapalme[22]. De fait, celui-ci connaît bien Deniélou qui faisait partie des cinq personnalités que Delapalme avait fait venir dès sa nomination au CEA de Grenoble pour assumer des postes à responsabilités, puisant là dans son réseau de la Marine.

Né en 1923, Deniélou est passé par l'École navale, puis par Sciences Po. Après avoir été officier sous-marinier, il devient ingénieur en génie atomique (Saclay, promotion 1957), il est recruté en 1959 par le Commissariat à l'énergie atomique (CEA) à Grenoble où il participe à la conception de plusieurs réacteurs nucléaires : *Siloé*, *Phénix* et *Superphénix* en 1971. À partir de 1972, il dirige donc la nouvelle université de technologie jusqu'en 1985[23].

Pour « accompagner » la gestation du projet de Compiègne, les stratèges ont également prévu un homme de l'ombre, Jean Serisé[24], en contact direct avec le président de la République. Mentionnons aussi Yves Deforge, inspecteur de l'enseignement technique, connu par les pédagogues de la technologie et les spécialistes de Simondon, et par ses travaux, notamment sa thèse et son rapport de 1972 au Conseil de l'Europe ; il eut un rôle parmi les initiateurs de Compiègne en créant deux UV (« La communication graphique » et « La culture technique »)[25] et influença la conception de la technologie promue par G. Deniélou.

## Les cas des deux autres universités de technologies créées en France : Belfort-Montbéliard et Troyes

Par la suite, des tentatives pour essaimer le modèle d'université de technologie en France sont menées localement et nationalement. Cependant, deux seulement verront le jour.

### L'université de technologie de Belfort-Montbéliard (UTBM)

Dans le bassin industriel de Belfort-Montbéliard, la demande d'enseignements techniques supérieurs vient de loin, et les acteurs sont échelonnés dans le temps. L'industrie remonte au XVIIIe siècle, principalement mécanique dans le Pays de Montbéliard, textile puis mécanique à Belfort. Au milieu des années 1950, l'essor industriel est puissant et sélectif : à Montbéliard, l'automobile l'emporte sur les autres spécialités, avec Peugeot, tandis qu'à Belfort, Alsthom bénéficie de l'épopée électrique nationale jusqu'en 1980 et Bull arrive en 1960 ; les deux agglomérations grossissent jusqu'à se rejoindre. L'usine de Sochaux passe de 15 000 salariés vers 1950 à 40 000 en 1979. Ces grandes entreprises et leurs dirigeants voire leurs syndicats, ces agglomérations et leurs élus se mobilisent sur les questions d'équipement, notamment scolaires et techniques.

Dès 1951, la Chambre de commerce belfortaine crée un organisme consacré à l'aménagement local, qui, en octobre 1956, se prononce pour un « ensemble technique complet », allant du CAP à une « école d'ingénieurs d'Arts et Métiers à Belfort ». En 1961, le premier Plan régional de Franche-Comté propose que des enseignements scientifiques de l'université de Besançon soient déconcentrés sur Belfort. Première concrétisation : une école nationale d'ingénieurs est créée à Belfort (décret du 21 mai 1964), suivie en 1968 d'un IUT.

En 1967, les organisations patronales de Belfort-Montbéliard déplorent l'absence d'université[26]. En 1969, une Association d'études pour l'aménagement de l'aire urbaine Belfort-Montbéliard est constituée. Composée principalement d'élus, elle est présidée par Jean-Marie Bailly, maire de Belfort, puis par André Boulloche. Le premier est belfortain, énarque. Élu député UNR en 1962, il devient alors l'homme fort local : secrétaire d'État en 1969-1972, président du conseil général en 1971, maire et sénateur en 1971. André Boulloche est une personnalité d'envergure nationale : polytechnicien, compagnon de la Libération, socialiste, il a été ministre de l'Éducation nationale en 1959 lors des grandes réformes scolaires, puis chargé en 1960-1963 d'une mission sur les grandes écoles. Élu maire SFIO de Montbéliard en 1965, puis député, il sera réélu jusqu'à sa mort en 1978.

En 1972, un *Livre Blanc de l'Aire urbaine Belfort-Montbéliard* est publié, selon lequel « une décentralisation de l'université de Besançon doit être envisagée. Ceci devrait entraîner la création de sections à caractère scientifique affirmée[27] ». Rejetée en 1974, cette « Aire urbaine » aura cependant des effets durables sur l'implantation contemporaine de grands équipements techniques.

Une nouvelle période s'ouvre ensuite pour le bassin. En 1979, la crise économique survient, tardive mais brutale : l'usine de Sochaux passe de 41 000 salariés à 25 000 en quelques années. Le contexte politique se modifie en 1981 : le bassin avait déjà plusieurs élus de gauche, mais en deux ans, la totalité des élus et des assemblées locales le deviennent. Les trois agglomérations industrielles, Montbéliard, Belfort, Héricourt, ont désormais à leur tête des députés-maires socialistes (Jean-Pierre Chevènement, Raymond Forni, Jean-Pierre Michel), influents auprès des ministères et du président de la République. Une « fenêtre » s'ouvre ainsi, qui le restera jusqu'en 1989. Cette opportunité est saisie à la fin de l'année 1983 par J.-P. Chevènement, en vue de créer une association dénommée « Aire Urbaine 2000 », et dont le groupe local des députés et maires socialistes est le porteur. Le conseil général de Belfort (présidé par le socialiste Christian Proust) représente une force durable d'appui et d'initiative.

La droite locale est majoritairement favorable à ces grands projets. De longue date, sous la direction d'Edgar Faure (depuis 1951), le conseil régional de Franche-Comté s'attache au développement universitaire. Présidé par J.-P. Chevènement en 1981-1982, il donne une impulsion puissante à la dimension technologique. En mars 1982, la droite en regagne la majorité avec E. Faure à sa tête. Au-delà des rivalités politiques, c'est un véritable consensus droite/gauche qui va prévaloir pendant cette décennie, spécialement sur le scolaire et l'universitaire. On a parlé de « duopole » régional entre J.-P. Chevènement et E. Faure : on le vérifie en janvier 1986, lorsque le conseil régional vote à l'unanimité le schéma prévisionnel des formations ; ou lorsque les mêmes députés PS, le sénateur Souvet (RPR) et les présidents des conseils généraux du Doubs (G. Gruillot, RPR) et de Belfort (Proust, PS) décident le financement local de la future université de technologie, selon un pacte oral qui fonctionnera sans accroc durant plus de quinze ans. En 1987, face au nouveau ministre de l'enseignement supérieur, Jacques Valade, venu à Sevenans pour annoncer la fin de cette « expérience », c'est E. Faure qui appuie J.-P. Chevènement contre son collègue de droite et s'en va convaincre Jacques Chirac de maintenir cet établissement. Plusieurs représentants locaux de l'État appuient ces initiatives comme Gérard Cureau, ancien élu socialiste de Nancy, préfet du Territoire de Belfort de septembre 1981 à mars 1985. Au rectorat de Besançon, Jean Gallot, recteur de 1982 à décembre 1985, prépare le dossier Sevenans.

Il fait souligner ici le rôle de J.-P. Chevènement qui, en 1981, dirige le premier ministère portant le nom de technologie (ministère de la Recherche et de la Technologie). Ce dernier organise les Assises régionales et nationales de la recherche qui permettent de faire adopter en 1982 une grande loi sur la recherche[28]. En 1985, il parvient à faire voter une loi de programmation sur les enseignements technologiques, prévoyant notamment dix universités de technologie en France[29]. En 1984, lorsqu'il devient ministre de l'Éducation nationale, Chevènement confie à G. Deniélou une mission sur le développement local de l'enseignement supérieur. Son rapport préconise la création d'un centre de recherche industriel en soulignant que « ce sont les industriels implantés dans le bassin qui tiennent la clé de l'affaire », plus précisément « Peugeot-Bull-Alsthom ». Il propose enfin l'appui de l'UTC, « son expertise de gestion et de management de la technologie », et d'abord l'implantation, chose nouvelle, des laboratoires (la recherche) et des enseignements de troisième cycle.

L'équipe de direction de Compiègne est alors mobilisée. Le secrétaire général de l'UTC[30] trouve l'astuce juridique propre à démarrer rapidement le projet : créer à Sevenans (à 500 km de Compiègne), une antenne de l'UTC. Entre-temps, le conseil général belfortain a racheté un château et son parc à Sevenans. J.-P. Chevènement contacte les PDG de Peugeot, Alsthom et Bull. Jacques Calvet, PDG de Peugeot SA, lui confirme son intérêt pour le projet. Le conseil régional, inscrit celui-ci parmi les priorités régionales et ajoute un budget *ad hoc* au contrat de plan État-Région (janvier 1986). Pendant des années, de nombreux équipements seront fournis par les collectivités locales.

À J.-P. Chevènement et E. Faure, il faut assurément adjoindre Christian Proust[31], président socialiste du conseil général du Territoire de Belfort (1982-2004), associé à l'élaboration de ce choix stratégique. Il détient les clés d'une assemblée qu'il rendra effectivement décisive dans cette affaire. De fait, C. Proust est très actif dans la mise en œuvre du projet, notamment pour trouver le terrain nécessaire, choisir les premiers acteurs de terrain et apporter la contribution vitale, matérielle et financière, du conseil général.

Huit personnes constituent l'équipe qui lance l'établissement à l'automne 1985, dont un seul fonctionnaire titulaire de l'Éducation nationale, le concierge : les autres viennent du conseil général belfortain, de l'ANVAR, de l'UTC[32]. Au début, les métiers sont plus nombreux que les personnes qui assurent les responsabilités en rotation : « nous avions identifié vingt-sept fonctions (à partir du schéma UTC), mais nous n'étions que cinq ou six au Directoire, nous les avons donc réparties entre les cinq et parfois nous nous les repassions de l'un à l'autre.[33] » Parmi eux, Gilbert Karpman[34], qui présidera l'établissement durant une décennie.

Les seize premiers étudiants arrivent en octobre 1985, quinze garçons et une fille, issus de la liste d'attente de l'UTC, très motivés pour venir dans une université qui n'existe pas encore, participer à sa naissance, contribuant à bon nombre d'événements dont certains font partie de la vie étudiante actuelle (sport, musique...). Ce que souligne Louis Reynes[35] pour Compiègne et pour Troyes est également vrai à Sevenans : « À Compiègne, les profs qui sont venus au début, ont fait un pari (car ils ne savaient pas ce que ça deviendrait). Mais ce sont les étudiants qui ont pris un risque incroyable (ne pas savoir ce qui se ferait, si le diplôme serait reconnu, etc.). Ils ont pris des risques. D'ailleurs ces cinquante premiers étudiants [de Compiègne] ont fait une belle carrière ensuite. C'était des audacieux.[36] »

En 1991, l'antenne de l'UTC deviendra l'Institut polytechnique de Sevenans. Celui-ci est fusionné en 1999 avec l'école nationale d'ingénieurs de Belfort pour constituer l'université de technologie de Belfort-Montbéliard.

**L'université de technologie de Troyes (1992-1994)**

Le cas de Troyes est encore différent. Cette ville moyenne, de tradition textile, dans une région de grande propriété agricole (céréales, vignes), à moins de deux heures de Paris, ne comptait guère d'équipements universitaires vers 1980, lorsque survint le déclin de la bonneterie et des industries mécaniques associées. Comment reconvertir ? Les responsables locaux s'interrogent sur les formations techniques qui pourraient convenir. Il y a bien un IUT mais le développement universitaire dépend de Reims qui, comme souvent, rechigne à renforcer ses antennes périphériques. Ils explorent d'autres solutions. Parmi eux, deux parlementaires – aux profils différents – jouent un rôle déterminant.

Robert Galley[37], ingénieur, responsable politique national, devenu député en 1968 puis maire de Troyes en 1972, joue un rôle de premier ordre dans cette exploration, même si le rôle le plus actif revient au sénateur Philippe Adnot[38]. Au moment du « schéma Université 2000 », P. Adnot – fils d'agriculteur et agriculteur lui-même – prend les initiatives qui conduiront à la fondation de l'université de technologie de Troyes. Porté par le ministère Jospin et adopté en janvier 1992, ce plan vise à la fois à accroître les équipements universitaires et à les rééquilibrer territorialement (entre Paris et province, entre métropoles et villes moyennes) et entre filières (en renforçant les cursus scientifiques, techniques et professionnels)[39]. P. Adnot constitue un groupe de travail avec le « monde économique » troyen et aubois, pour mettre sur pied un projet d'équipement universitaire. Avec un « dossier très charpenté » pour lequel il « avait contacté beaucoup d'industries, à qui il demandait une lettre d'appui[40] », il peut compter sur le conseil général pour investir[41] ; il noue des contacts avec les instances ministérielles, notamment avec Daniel Bloch, directeur des enseignements supérieurs[42], visite plusieurs établissements (INSA, université de technologie, etc.). Finalement, le modèle sera Compiègne et la formule « université de technologie ». D'autres facteurs favorables jouent également : une grande stabilité politique locale, une conjoncture politique nationale qui, en 1993, renforce la position troyenne : victorieux, les partis de droite entament une deuxième cohabitation avec le gouvernement Balladur. Les décideurs troyens trouvent un vent faste pour atteindre vite leurs objectifs, d'autant plus qu'ils bénéficient d'heureux hasards[43] : Christian Philip, récemment recteur de Reims, très au courant des projets troyens, devient directeur de cabinet du nouveau ministre de l'Enseignement supérieur et de la Recherche, François Fillon, et apporte un concours précieux à la création de l'université de technologie de Troyes, convergeant avec le nouveau recteur de l'académie de Reims, bien au fait de ce type de dossier : Édouard Bridoux, universitaire, électronicien, qui est devenu directeur de cabinet d'Alice Saunier-Seïté au ministère des Universités en 1980 puis recteur d'Amiens entre 1986 et 1990, et donc chancelier de l'université de technologie de Compiègne.

En un temps record (deux ans), l'université de technologie de Troyes (UTT) est constituée. Sous la houlette de l'UTC, une première rentrée a lieu en septembre 1993 au niveau deuxième cycle, avec la création d'un département de génie des systèmes mécaniques (sous le nom d'Institut du génie technologique de Troyes, future UTT)[44] ; les bâtiments sont construits en deux ans. En 1994, le décret de création est signé.

Les premiers acteurs recrutés contribuent aussi à cette rapide réussite. Paul Gaillard[45], directeur de la pédagogie à Compiègne, est approché pour lancer la nouvelle université de technologie à Troyes. Il résume ainsi : « un jour Deniélou m'a contacté. Il était déjà parti de Compiègne mais il avait été contacté directement par le sénateur Adnot. J'ai vu celui-ci pour la première fois à la gare de l'Est, en juillet 1992.[46] » Daniel Bloch, directeur des enseignements supérieurs, l'avait lui aussi recommandé à P. Adnot et Gaillard devient directeur de la future UTT, responsabilité qu'il exercera pendant dix ans (1994-2004). Parmi les premiers recrutés, qui ont « monté » l'UTT, figure un « noyau UTC » d'une petite dizaine de personnes.

Recruté en 1992, par P. Gaillard, qu'il avait connu à Compiègne, pour participer à la création de l'UT de Troyes, Louis Reynes témoigne : « Au début l'UTC n'était pas solide, adossée à rien. Guy Deniélou disait parfois : "est-ce qu'on fera la prochaine rentrée ?" alors qu'à ses débuts, l'UTT était adossée au conseil général, avec la volonté forte du sénateur Adnot et des financements solides. »

* * *

De cette histoire, les mois de mai-novembre 1968 (mouvements universitaires, sociaux et politiques, loi Edgar Faure) et l'année 1969 (élection de Georges Pompidou) sont deux moments-clés d'une réorientation stratégique de l'État français, qui conduit à l'invention de ce concept d'université de technologie. L'élection de François Mitterrand à la présidence de la République en 1981 relance le projet. Une première tentative d'essaimer les universités de technologie sur le territoire national est ainsi menée en 1985, puis une seconde en 1999 par Claude Allègre, ministre de l'Éducation nationale du gouvernement Jospin, qui tente à son tour et tout aussi vainement d'en constituer cinq. Depuis 2000, malgré la création de l'Académie des technologies, aucune autre université de technologie n'a vu le jour en France. Tout autant que les acteurs des trois universités de technologie existantes, il conviendrait d'étudier cette quinzaine de tentatives inabouties, en cherchant ce qui a leur a manqué, quelles forces et quels acteurs ont contré les projets ou les ont réorientés différemment. Au-delà de ces échecs et des enseignements qui restent à en tirer, on peut provisoirement proposer cinq réflexions.

1. Même pour des projets tels que ceux-ci, réalisés en cercle restreint et dans un certain secret, les acteurs sont très nombreux : à peine a-t-on ici entrevu quelques figures parmi les centaines de personnes qui, à des degrés divers, ont apporté leur concours indispensable. Quelques universitaires côtoient des ingénieurs, des hauts fonctionnaires, des dirigeants d'entreprises, des responsables politiques, etc. Les relations personnelles et la cooptation ont joué un grand rôle. Dans bien des cas, ces acteurs ont une personnalité et un parcours atypiques, ce qui ne surprend pas vraiment pour un projet aussi inhabituel que de vouloir fonder en France des universités de technologie.
2. Certains corps inattendus sont particulièrement présents et actifs : la Marine nationale, le CEA ou des chercheurs atomistes universitaires, l'Armée, la haute fonction publique, des grands organismes (Plan, Aménagement du territoire…). Si le milieu de l'énergie est très représenté (nucléaire, pétrole), les enseignants sont relativement peu nombreux. D'une façon générale, les organismes décisifs sont situés dans des activités très socialisées, souvent mondialisées, confrontés au

long terme, à la complexité. C'est sans doute une des raisons majeures de leur engagement dans ce projet.

3. Bien sûr ces acteurs n'agissent pas tous au même niveau, entre les inspirateurs, les stratèges politiques, les chefs de projet ou les pionniers explorant, bottes aux pieds, des lieux souvent improbables, les architectes ou bâtisseurs qui les dotent de bâtiments spécialement conçus pour elles. Fort différents, mais tous nécessaires. Suivant qu'on considère la conception (au sens industriel du terme), la mise en œuvre ou l'animation des établissements, ce ne sont pas les mêmes acteurs qui seront mis en avant. Lorsqu'on pose la question à B. Delapalme pour Compiègne, celui-ci a deux réponses, sur l'invention du concept : « L'université c'est trois personnes, O. Guichard, Jérôme Monod et moi » ; sur la création proprement dite : « Les débuts de Compiègne, c'est trois hommes : Gueydon de Dives, Bernard Irion et moi-même.[47] » Si la mise en place est pilotée par G. Deniélou, le développement de la nouvelle université revient aux enseignants, chercheurs, personnels divers et aux premiers étudiants. Concrètement, rien ne serait réalisé non plus sans les petites mains des pionniers de tous ordres qui ont réalisé ces projets contre vents et marées.
4. Une université de technologie n'est pas absolument identique à une autre et le profil des acteurs diffère nécessairement. « L'UTC est née d'une volonté nationale qui a été bien relayée au niveau local. L'UTT est née d'une volonté locale bien relayée nationalement. Pour l'UTBM, le pouvoir local et le pouvoir national étaient dans des mêmes mains.[48] » Ainsi P. Gaillard résume-t-il sobrement la création des trois universités de technologie françaises. À Compiègne, il s'agit de créer un nouveau type d'université selon le contexte national post-1968 : c'est à la fois le concept et sa première réalisation que conçoivent ses initiateurs. À Sevenans en 1985, c'est un bassin hyperindustrialisé en crise qui recherche une mutation par le haut ; un ministre influent, et tenace, très soutenu localement mais parfois isolé dans les hautes sphères de l'État, parvient à y enraciner une deuxième université de technologie. Pour Troyes en 1992, la rénovation des industries et moyens de communication est internationalement engagée et des équipes locales (consulaires et politiques) bien assises, bénéficiant de solides appuis politiques et de la proximité de Paris, réussissent, en un temps record, à établir une troisième université de technologie, à la fois semblable et différente des deux précédentes.
5. La dimension politique est très présente, en tout cas très visible. L'est-elle plus que dans les autres cas de l'enseignement supérieur public ? Une approche comparée serait certainement nécessaire pour répondre à cette question. Quoiqu'il en soit, ce ne sont pas les responsables politiques qui créent le besoin d'universités (de technologie, en l'occurrence), ni même qui conçoivent les solutions. Ils créent

des conditions politiques, juridiques, financières, favorables à la conception de formules nouvelles, définissent des options, choisissent des personnalités adaptées à des contextes diversifiés), bref ils agissent dans des rapports de forces complexes dont ils ne sont jamais durablement maîtres.

Dans un film, le générique est long : commanditaire, metteur en scène, acteurs, techniciens, etc. Au générique des universités de technologie, on ne trouve guère d'exécutants ni de système hiérarchique traditionnel où les ordres iraient du stratège en chef jusqu'à la piétaille. Ce qu'on observe ici, ce sont des réseaux d'acteurs agissant en système complexe : une multitude d'acteurs, sur plusieurs générations, dans des territoires différents, selon des contextes évolutifs, avec une imbrication du national et de l'international dans le local. On ne peut ramener la création des trois universités de technologie françaises à un mécanisme simple. Les initiatives sont d'origines multiples dans un processus complexe et jamais achevé.

## Notes

1. Lucien Sève, *L'homme ?* Paris, La Dispute, 2008.
2. Une analyse détaillée de la création de ces trois universités de technologie se trouve dans Pierre Lamard, Yves-Claude Lequin, *La technologie entre à l'université. Compiègne, Sevenans, Belfort-Montbéliard…*, Belfort, Pôle éditorial multimédia UTBM, 2006.
3. Yves-Claude Lequin, « De crises en avancées : la croissance de la classe ouvrière », dans Collectif, *La France contemporaine. Identité et mutations de 1789 à nos jours*, Paris, Éditions sociales, 1982, p. 290-291.
4. Voir la contribution de Marianne Chouteau, Joëlle Forest et Céline Nguyen, dans ce volume.
5. Pierre Aigrain, conférence à l'université Paris I, 27 avril 1987, http://picardp1.ivry.cnrs.fr/ : « La création des IUT a été faite dans la plus parfaite et volontaire illégalité. »
6. Liste reproduite dans P. Lamard, Y.-C. Lequin, *La technologie entre à l'université…*, *op. cit.*, p. 83.
7. Créée en 1955, Orsay est reconnu comme faculté en 1965.
8. Jacques Monod, co-prix Nobel 1965 de médecine et représentant de l'AEERS, joue un rôle de porte-parole des scientifiques auprès d'Edgar Faure durant l'été 1968.
9. Le Centre universitaire autogéré de Vincennes et le Centre universitaire Dauphine sont tous deux établis en automne 1968 et deviendront universités en 1970.
10. Le rapporteur du projet USTN est J.-R. Saurel, qui deviendra le premier directeur du Centre de Villetaneuse en 1970-71. Cf. Jacques Girault, Jean-Claude Lescure, Loïc Vadelorge, Actes de colloque « Paris 13 : l'université de banlieue (1970-2010) », 80 décembre 2010, 2011 à paraître.

11. Loi n° 71-575 du 16 juillet 1971 sur l'organisation de la formation professionnelle continue dans le cadre de l'éducation permanente ; loi n° 71-576 du 16 juillet 1971 relative à l'apprentissage ; loi n° 71-577 du 16 juillet 1971 d'orientation sur l'enseignement technologique ; loi n° 71-578 du 16 juillet 1971 sur la participation des employeurs au financement des premières formations technologiques et professionnelles.

12. *Journal officiel de la République française (JORF). Débats parlementaires. Assemblée nationale*, 3 octobre 1968, p. 3014-3016 (citation p. 3014). Intervention complétée le lendemain par Robert Ballanger (PCF) : *Ibid.*, 10 octobre 1968, p. 3249. Au même moment le PCF est impliqué dans la création du centre universitaire de Vincennes.

13. Fédération de la gauche démocrate et socialiste.

14. *JORF. Débats parlementaires. Assemblée nationale*, 4 octobre 1968, p. 3083.

15. Assemblée nationale, *Bulletin des Commissions*, session du 25 septembre 1968, p. 260. Il en parlait déjà dans son livre paru en 1966 : Jean Capelle, *L'école de demain reste à faire*, Paris, PUF, 1966, p. 245-255.

16. Assemblée nationale, *Bulletin des Commissions*, 5 octobre 1971, p. 84.

17. *JORF. Débats parlementaires. Assemblée nationale*, 7 juin 1971, p. 2413.

18. En atteste un courrier qu'il adresse à Olivier Guichard, ministre de l'Éducation Nationale, le 31 octobre 1969, à propos de l'INSA de Lyon, il conclut : « [...] vous combleriez une lacune considérable de notre enseignement supérieur en faisant de l'INSA une université technique autonome, ce qui implique bien entendu qu'elle aurait la responsabilité, comme l'INSA actuel, de recruter ses étudiants. » (Archives familiales Capelle). En avril 1973, il note à la main que ce courrier est resté sans réponse.

19. La genèse de l'université de technologie de Compiègne est étudiée en détail dans P. Lamard, Y.-C. Lequin, *La technologie entre à l'université...*, *op. cit.*, p. 85-102.

20. B. Delapalme, Note pour Monsieur Giraud, 31 août 1970, archives UTC, souligné par lui.

21. B. Delapalme, 2 février 1971, confidentiel, lettre à en-tête de la société ELF.

22. B. Delapalme met le choix des hommes en priorité et affirme qu'il a imposé son candidat (Deniélou) contre celui que proposait le ministre Guichard. Bernard Delapalme, entretien, 7 juillet 2009.

23. En décembre 1984, à la demande de Jean-Pierre Chevènement, G. Deniélou rédige un rapport indiquant comment « accroître le potentiel du bassin de Belfort-Montbéliard en matière d'enseignement supérieur et de recherche ». En 1992, retraité, il donne aussi des avis concernant le projet troyen. Il est décédé en 2008.

24. J. Serisé, haut-fonctionnaire, membre du cabinet de V. Giscard d'Estaing, sera membre du groupe Delapalme, puis du conseil d'administration de l'UTC. Cf. Jean Serisé, *Mémoires d'un autre,* Paris, de Fallois, 1999, p. 375.

25. G. Deniélou fut membre du jury de la thèse d'Yves Deforge sur « Le graphisme technique », soutenue le 23 septembre 1975 à l'université René Descartes. On trouvera d'autres informations dans les *Publications de Montlignon*, n° spécial consacré à Yves Deforge : « Des techniques à la technologie », MEN/CRDP de Versailles, mai 1997. Une notice autobiographique manuscrite d'Y. Deforge a été reproduite à la fin de l'ouvrage (3 pages non paginées).

26. Saint-Hillier, *L'agglomération de Belfort-Montbéliard,* Association industrielle de l'Est, tapuscrit multigraphié, 24 p.

27. *Le Livre blanc de l'Aire urbaine Belfort-Montbéliard,* validé par les services de l'État, publié en 1972.

28. Loi n° 82-610 du 15 juillet 1982 d'orientation et de programmation pour la recherche et le développement technologique de la France.

29. Loi n° 85-1 376 du 23 décembre 1985 relative à la recherche et au développement technologique.

30. Jean-Claude Muller, entretien téléphonique, le 11 février 2005 Après avoir été secrétaire général de Compiègne (1981-1992), est devenu secrétaire général de l'INSA de Lyon (jusqu'en 2007).

31. Né en 1949 et diplômé en informatique à l'IUT de Nancy, analyste-programmeur chez Bull à Belfort (1972-76). Il est assistant parlementaire de Chevènement et Raymond Forni en 1976-78.

32. Pour plus de détails, voir P. Lamard, Y.-C. Lequin, *La technologie entre à l'université..., op. cit.*, p. 185-193.

33. Erwin Van Handenhoven, témoignage, le 19 mars 2003.

34. Né le 18 janvier 1932, docteur en physique théorique, professeur des universités, chercheur au CNRS enseignant à l'étranger notamment à Cranfield (Grande-Bretagne), G. Karpman est attaché scientifique à l'ambassade de France à Stockholm puis Helsinki (1967-1974), enseignant chercheur à Compiègne, où il dirige les relations industrielles internationales dès 1974. Délégué ANVAR en Picardie (1981) puis à Toulouse pour la région Midi-Pyrénées (jusqu'en 1986). Président fondateur de l'établissement de Sevenans (UTCS puis IPSe) de 1985 à 1994 ; il continue ensuite à y enseigner jusqu'à sa retraite.

35. Né en 1931, ingénieur Arts et Métiers, L. Reynes est sans doute le seul à avoir exercé successivement dans les trois universités de technologie. Après l'École navale, en 1952, il exerce pendant « une quinzaine d'années dans les sous-marins, à un moment où la Marine nationale cherchait à les nucléariser» ; puis il travaille à l'ISTN, à Saclay, sur un prototype de moteur nucléaire ; entré au CEA, à Cadarache (chargé d'études, de construction, d'essais), il retrouve G. Deniélou, qu'il avait connu dans la marine. Avec lui, il travaille trois ans sur le réacteur Rapsodie, avant de devenir ingénieur à EDF (1968-1994), responsable des études pour des centrales nucléaires. Dès la première rentrée UTC, il devient directeur du département de génie mécanique (pour trois ans), chargé aussi de coordonner la construction des bâtiments, entre l'architecte Dottelombe et les enseignants-chercheurs. En 1992, il est recruté par P. Gaillard (qu'il avait connu à Compiègne) pour participer à la création de l'UTT.

36. Louis Reynes, entretien, 10 mai 2005.

37. Né en 1921 à Paris, scientifique et ingénieur (École centrale, Pétrole), fort d'une expérience technique de haut niveau, R. Galley dispose d'une influence politique considérable. Passé à Londres en 1940, engagé dans les blindés, il entre au CEA dès 1946, dirige les constructions de plusieurs centrales nucléaires ; en tant que délégué général à l'Informatique auprès du Premier ministre, il met ensuite en place le « Plan calcul ». En 1968, il construit une carrière politique d'envergure : député UDR (puis RPR) de l'Aube en 1968, il le reste jusqu'en 2002, tout en étant maire de Troyes (1972-1995) et conseiller général. Il sera également six fois ministre, presque en permanence de 1968 à 1981 (Recherche scientifique ; Postes et télécommunications ; Transports ; Armées ; Équipement ; Coopération). Enfin, à partir de 1996, il présidera l'office parlementaire des choix scientifiques et technologiques.

38. Né en 1945 dans un village aubois, fils d'agriculteur, formé lui-même en lycée agricole, P. Adnot s'engage dans le syndicalisme et préside le CDJA du département (1970-72), puis administre une sucrerie-distillerie (Arcis/Aube, 1981-93). Conseiller général de Méry/Seine, il devient simultanément sénateur (sans étiquette) en 1989 et président du conseil général (1990), deux responsabilités qu'il exerce encore deux décennies plus tard.
39. Françoise Coutelier, Jacques Gagnier de Quaternaire, *Développement universitaire et développement territorial : l'impact du plan Université 2000 (1990-1995),* Paris, Documentation française, 1988.
40. Louis Reynes, entretien, 10 mai 2005.
41. Le conseil général fournit un tiers de l'investissement, le reste étant apporté par l'État, le conseil régional et la communauté d'agglomération de Troyes. Notes de Paul Gaillard à Pierre Lamard et Yves-Claude Lequin, 5 octobre 2009. .
42. Daniel Bloch, entretien, 24 novembre 2004.
43. Paul Gaillard, entretien, 10 mai 2005.
44. Décision du Conseil d'administration de l'UTC, juin 1993, validé par la Commission des titres d'ingénieur en janvier 1994.
45. Né en 1939 à Alger, P. Gaillard fait des études de mathématiques, enseigne à l'université d'Alger (1961), de Lyon (1965) où il conduit des recherches sur la structure nucléaire et sur la théorie du signal. Il devient directeur des enseignements et de la pédagogie à l'UTC (1975-1992).
46. Paul Gaillard, entretien, *ibid.* et courrier du 7 septembre 2009.
47. Bernard Delapalme, entretien avec Pierre Lamard et Yves-Claude Lequin, le 7 juillet 2009.
48. Paul Gaillard, entretien avec Pierre Lamard et Yves-Claude Lequin, Troyes, 10 mai 2005.

# DEUXIÈME PARTIE

## Itinéraires et stratégies

# Chapitre 7

# Charles-Antoine Rougeot et Jean-Jacques Raverot : itinéraire d'une famille au sein des écoles de dessin de Tours (1776-1826)

**Audrey Millet**

Lorsque Tours devient capitale de la soie, par la fondation de la Manufacture royale de draps d'or et de soie[1], les fabriques deviennent le poumon économique de la ville. C'est grâce à l'impulsion de Charles-Antoine Rougeot (1740-1797), fondateur d'une école de dessin en 1776, que les autorités tourangelles s'intéressent à l'éducation des dessinateurs en soierie, perçue comme un moyen de créer un foyer local de talents dans le but de stimuler la production textile freinée par l'atonie économique depuis le XVII^e^ siècle[2]. En effet, les dessinateurs sont considérés comme l'une des clefs de la réussite des manufactures de soieries façonnées. Durant cinquante années, jamais les ambitions des autorités, amateurs et manufacturiers tourangeaux ne se sont éloignées de celles de Charles-Antoine Rougeot : former des « dessinateurs-metteurs en carte », hommes de goût et techniciens accomplis.

On s'attachera donc à analyser l'action pionnière de Charles-Antoine Rougeot, fondateur de l'école de dessin de la ville, et celle de son gendre, Jean-Jacques Raverot, qui prend sa succession au tournant du siècle. Leur engagement s'inscrit dans un jeu complexe de sociabilités. Quels sont les moyens employés par C.-A. Rougeot pour favoriser l'essor de son école jusqu'à en faire un établissement de référence ? Qu'en est-il des stratégies et itinéraires de la famille Rougeot-Raverot, qui domine la scène artistique et culturelle locale au XVIII^e^ siècle mais qui s'en trouve partiellement évincée dans le premier quart du XIX^e^ siècle ? L'éviction de J.-J. Raverot de l'enseignement pour la soierie est à considérer sous le prisme d'une conception du dessin artisanal qui tend à s'imposer dans les dernières années du XVIII^e^ siècle.

## L'enseignement du dessin à Tours : l'action décisive de Charles-Antoine Rougeot et de ses réseaux (1776-1797)

Au XVIIIe siècle, se multiplient partout en France de nouveaux établissements : les « Écoles Gratuites de Dessein ». Destinées aux arts mécaniques, elles doivent pallier les lacunes de l'enseignement ouvrier afin d'appuyer la production manufacturière de la ville ou de la généralité. Publiques et laïques, elles représentent la première forme d'un enseignement professionnel élémentaire en parallèle du système corporatif. Si certaines d'entre elles s'éteignent rapidement, l'école de Tours se différencie par sa longévité et ses objectifs liés aux fabriques de soie. La généralité de Touraine vit au rythme des fluctuations de l'industrie textile[3] et l'organisation désuète de la Manufacture royale entraîne des difficultés nombreuses[4]. Entre l'excellence de la Grande Fabrique lyonnaise[5] et la concurrence désastreuse, du point de vue local, que font les indiennes aux soieries, le savoir-faire tourangeau est mis à rude épreuve[6]. Par son action, C.-A. Rougeot enracine dans le long terme l'enseignement du dessin à Tours[7].

### L'enthousiasme décisif de Charles-Antoine Rougeot (1776-1779)

Fils d'un maître-tapissier[8], Charles-Antoine Rougeot quitte Paris vers 1760 pour s'installer à Tours, où il rejoint son oncle maternel François-Guillaume Roussel, archiviste au *scriptorium* et à la bibliothèque de la cathédrale Saint-Gatien. Le 16 janvier 1762, il épouse Anne-Catherine Hervieux, fille de Jean Hervieux, bourgeois de Paris. De ce mariage naissent quatre enfants. Sur l'acte de baptême de sa fille (1767), Rougeot porte le titre d'archiviste ; titre qu'il n'acquiert pourtant qu'en 1776, année de la fondation de son école. C'est à ses frais qu'il installe, dans sa maison, pupitres, chaises et chauffage afin de dispenser à une quarantaine d'élèves des leçons de dessin trois fois par semaine de sept à neuf heures. Nous ne possédons pas d'informations sur la formation qu'il a suivie à Paris ou ailleurs. Comme fils de maître-tapissier, peut-être a-t-il reçu une instruction artistique par le biais d'un apprentissage. Son activité d'archiviste au *scriptorium* de Tours suggère qu'il a pu recevoir une instruction littéraire. Rougeot a-t-il reçu une formation à la fois littéraire et artistique ? A-t-il fréquenté le milieu éclairé parisien avant de se rendre à Tours ? Connaît-il les enseignements dispensés dans les écoles de la capitale ? Ces questions sont toujours sans réponse.

Rougeot n'en convainc pas moins les membres de la municipalité, sensibles aux ambitions de son œuvre philanthropique. Le succès de son établissement est immédiat.

**Un homme de son temps inscrit au sein de réseaux de sociabilités divers**

Dès sa création, l'école est associée à l'artisanat local. La fleur et l'ornement, motifs privilégiés des soieries façonnées, sont enseignés d'après gravures. La communauté des fabricants, qui espère ainsi voir naître une génération de dessinateurs, fait partie des protecteurs attentifs de l'école. La rénovation de la fabrique par le dessin est jugée urgente, d'autant qu'elle souffre de deux maux : le pillage des dessins et la carence de spécialistes[9]. Dès 1778, l'établissement et les soyeux organisent une remise de récompenses destinées aux ouvriers en soie en même temps que celle consacrée aux élèves. Ils sont favorables à un « établissement précieux, qui réunit l'avantage de faire naître et prospérer les talens utiles[10] ». En 1779, trois prix sont remis à des enfants d'artisans parmi lesquels « Guillaume Goupy, fils d'Étienne Michel Goupy, maître ouvrier en soye[11] ».

Les autorités politiques et administratives s'empressent de soutenir Rougeot. En effet, Banchereau, maire de Tours, et son successeur Étienne Benoist de La Grandière, ont pour objectif de libérer les manufacturiers de leur dépendance vis-à-vis des dessinateurs parisiens[12]. Par l'intermédiaire de ce dernier, Rougeot prend contact avec l'intendant de la généralité[13], François-Pierre Ducluzel, qui devient un de ses plus fidèles soutiens afin « de contribuer à l'exécution d'un projet qui peut procurer les plus grands avantages à la Fabrique de Tours[14] ». Ses relations permettent d'inscrire à la composition du bureau de l'école de prestigieux noms, comme le duc Étienne-François de Choiseul de Stainville et son épouse[15]. À la liste des bienfaiteurs s'ajoutent le duc Louis-Joseph-Charles-Amable d'Albert de Luynes, le comte Charles-Henri d'Estaing, le duc Louis-Jean-Marie de Penthièvre, l'archevêque de Tours et le corps des manufactures présent dans les corps de ville[16].

Rougeot a multiplié les liens professionnels et d'amitié dans le but d'assurer la prospérité de son école. Son réseau de connaissances s'inscrit localement, à l'échelle de la généralité, mais certains de ces appuis lui permettent de nouer des liens avec la capitale et d'ériger son établissement en institution académique[17]. L'intendant F.-P. Ducluzel intervient auprès de Necker[18] et du directeur des Bâtiments du Roi. L'école de dessin de Tours devient ainsi école académique le 12 avril 1781. Elle propose dès lors des cours gratuits de dessin, de mathématiques, de servitudes, d'anatomie et d'histoire en rapport avec la peinture.

Sans l'investissement des autorités administratives, la longévité de l'établissement en aurait sans doute été affectée. La prospérité de sa fondation semblant assurée, c'est au sein de sa parenté que Rougeot soutient l'homme le plus capable de pérenniser son œuvre, selon lui.

**Gendre et beau-père : une transmission assurée ?**

En 1793, la Convention associe l'école royale de dessin de Tours au Musée des Arts nouvellement créé[19]. Rougeot cumule alors les fonctions de directeur des deux établissements et enseigne le dessin de figure tandis que Barrault, dessinateur pour les fabriques tourangelles, se charge des leçons d'ornement et de fleur spécifiques aux motifs des soieries façonnées[20]. Si les académies sont abolies sur le réquisitoire de Jacques-Louis David[21], le fondateur zélé continue de dispenser des leçons au sein de son appartement par le biais d'une École des Arts. Celle-ci est rattachée en 1795 à l'école centrale du département qui se substitue au collège oratorien dans le cadre de la loi sur l'instruction publique du 3 brumaire an IV (25 octobre 1795)[22]. Malgré le paysage politique accidenté de la fin du XVIII$^{e}$ siècle, l'œuvre de Charles-Antoine Rougeot semble pérenne. En 1797, dès son décès, Jean-Jacques Raverot, son gendre, lui succède à la direction du Musée des Beaux-Arts et au poste de professeur de dessin de l'école centrale où il enseigne la figure et l'anatomie.

La nomination de Jean-Jacques Raverot tient certainement à ses liens de parenté avec Charles-Antoine Rougeot mais il est indéniable que sa formation à Paris au sein de l'École royale gratuite de dessin de Jean-Jacques Bachelier[23], en fait le candidat idéal pour occuper la chaire en question. Peintre en miniature, il épouse Marie-Anne François Rougeot dans la cathédrale Saint-Gatien de Tours le 12 juillet 1792. Nous avons peu d'informations le concernant mais il est raisonnable de penser que le réseau de son futur beau-père lui a donné la possibilité d'étudier le dessin dans la capitale. Dans sa réponse à l'enquête du 20 floréal an VII sur les écoles centrales menée par le ministre de l'Intérieur François de Neufchâteau[24], Raverot indique qu'il a donné des leçons particulières de dessin à partir de 1787 et qu'il a enseigné dans des établissements d'instruction pour les jeunes filles.

De 1776 à 1797, trois formules se succèdent donc : école gratuite, école royale, école des arts rattachée à l'école centrale. Vingt années séparent les premières leçons données par Rougeot dans son appartement de l'édification d'un musée qui consolide ses collections par les envois de l'Académie royale de peinture et de sculpture. Cette pérennité est en partie due au zèle du fondateur mais aussi à sa capacité à nouer des liens avec les autorités compétentes et à assurer sa succession. De plus, J.-J. Raverot a bénéficié d'une formation de renom et s'inscrit au sein des bourgeois de Tours et des réseaux de Rougeot grâce à son mariage. La parenté Rougeot-Raverot domine l'enseignement du dessin et la vie culturelle de la ville de Tours.

## Jean-Jacques Raverot et son fils dans la continuité de Charles-Antoine Rougeot ? (1797-1826)

À la fin du XVIIIe siècle, les fabriques tourangelles doivent surmonter deux événements de taille. Tout d'abord, le système corporatif pluriséculaire disparaît et entraîne l'effondrement du cadre de travail et de solidarité traditionnel[25]. De plus, la Révolution a ruiné, pour un temps, les fabriques qui cherchent à s'adapter dans l'urgence aux nouvelles exigences économiques, artistiques et institutionnelles[26]. C'est dans ce contexte difficile que débute la carrière de Jean-Jacques Raverot.

### Entre dessin de figure et dessin technique : des avis divergents

Celui-ci profite du crédit de son beau-père décédé et s'insère parfaitement au sein des réseaux qui dominent la ville de Tours au tournant du XVIIIe siècle. Il reste fidèle à un enseignement du dessin de figure, d'ornement et de fleur[27]. Il se situe dans la continuité de la méthode[28] employée par C.-A. Rougeot et qu'il a lui-même étudiée dans l'établissement de Jean-Jacques Bachelier, comme le confirment les fonds du Musée des Beaux-Arts de Tours et le fonds Galais. Mais au sein de l'établissement et du corps de ville, l'importance d'hommes issus des manufactures ou dont les familles sont liées à celles-ci, tend à promouvoir une orientation plus technique du dessin afin de former les futurs dessinateurs des fabriques tourangelles. La plupart des élèves qui suivent les cours de dessin « sont des fils d'artisans […] qui n'ont pas l'intention de faire aucune autre espèce d'études dans les écoles centrales[29] ». Il faut adapter la formation graphique des ouvriers et des artisans aux besoins d'une industrialisation naissante[30].

Si Raverot reste une figure de la vie intellectuelle et artistique de Tours, sa conception du dessin se heurte à celle des soyeux. En effet, nous n'avons découvert aucune mention faisant état de ses compétences pour enseigner la décoration pour soierie et les nombreuses requêtes des fabricants dénoncent les limites de son enseignement.

### Playdoyers pour un professeur dessinateur et metteur en carte

Dès 1780, Rougeot avait annoncé son ambition de créer une pépinière de jeunes dessinateurs au sein de son école car Tours, selon lui, n'en avait plus que de « très médiocres[31] ». Or, une longue série de suppliques débute en 1797. À cette date, les soyeux Vauquer-Simon et Pillet-Texier en appellent au préfet du département, Jean-Robert Graham : il ne reste, disent-ils, qu'un seul dessinateur dans la ville, le citoyen Devent[32]. Ils réclament un professeur capable de « former des élèves à la mise en carte[33] » : preuve que la génération de dessinateurs attendue n'est pas née au sein l'école de dessin. Parallèlement, ils insistent sur le cas de Lyon qui possède déjà l'école espérée[34]. Une requête est faite auprès du ministre de l'Intérieur mais la réponse est laconique et il leur faut attendre l'organisation des écoles spéciales. Les requêtes ne cessent qu'au moment où Chaptal, alors ministre de l'Intérieur, exige « du professeur de dessin à l'école centrale qu'il enseignât le dessein de fabrique à tous les élèves qui se disposeraient à cette partie essentielle du commerce[35] ». Raverot enseigne alors une leçon supplémentaire de motifs mais en aucun cas de mise en carte, et ne satisfait donc pas les soyeux.

La fermeture des écoles centrales à partir de 1802 précipite l'éviction de J.-J. Raverot de l'enseignement destiné à la soierie. En effet, les manufacturiers anticipent la création des écoles spéciales napoléoniennes en allouant les sommes nécessaires à la fondation d'une école de dessin de fabrique et en définissant clairement les qualités nécessaires pour occuper la chaire de dessin[36] :

> « Le professeur de dessin doit connaître toutes les dimensions des ameublemens, des robes de femmes, des ornemens d'églises et généralement de l'emploi des étoffes façonnées. Il doit connaître le métier, les équipages et tous les moyens dont on se sert pour la fabrication afin de la diriger au besoin. Il doit professer la mise en carte et donner des leçons de ces diverses connaissances.[37] »

La définition du poste écarte d'emblée J.-J. Raverot autant en ce qui concerne ses compétences techniques que pour sa conception de l'enseignement du dessin.

Cependant Raverot n'a pas renoncé à dispenser des leçons pour lesquels les soyeux ne l'estiment pas compétent. Il compte pour cela sur son réseau franc-maçon auquel appartiennent le général et préfet François-René-Jean de Pommereul et Chaptal. Membre honoraire du chapitre de la Parfaite Union et grand officier d'honneur du Grand-Orient, il plaide en faveur des ambitions tourangelles[38]. Le projet Chaptal concernant les écoles spéciales prévoit que les autorités locales mettront elles-mêmes en place le nouvel établissement. Raverot compte sur le préfet Pommereul pour instaurer une école spéciale. Mais le projet que soumet Raverot est trop généraliste – il propose de donner des leçons « de paysage, d'ornement et de fleur ; [...] la partie qui tient aux meubles » – et malgré ses appuis francs-maçons, son projet n'est pas retenu. Raverot reste dans la continuité de l'enseignement de son beau-père et a une conception du dessin différente de celle des manufacturiers. Celle-ci ne correspond pas aux conditions nouvelles et aux attentes des soyeux.

### L'école spéciale impériale : Raverot évincé, succès des Lyonnais

L'Empereur accorde deux chaires à Tours et un recrutement national paraît le 8 avril 1810, dans le *Moniteur*. Raverot se présente au concours, mais il est écarté pour un dessinateur de la Grande Fabrique lyonnaise. C'est donc le profil défini par les soyeux qui prime pour le choix du professeur :

> « Il ne suffit pas de bien dessiner pour occuper cette chaire, mais il faut avoir toutes les connaissances qui s'adaptent et qui sont absolument nécessaires pour confectionner, mettre en carte, éclaircir le fabricant, lui faire monter le dessin avec le moins de frais possible, lever les difficultés… Raverot n'y entend rien.[39] »

C'est à l'unanimité qu'Augustin-Pierre Moze de Saint Ruff[40], Lyonnais et dessinateur pour les fabriques, remporte le concours de 1810[41]. Mais il doit être remplacé, suite à son décès en 1816. Viaud, également dessinateur pour les fabriques de Lyon obtient alors le poste au détriment de Jean-Charles Henri Raverot (1793-1869), fils de Jean-Jacques et petit-fils de C.-A. Rougeot[42]. Le nouveau professeur décède un mois à peine sa nomination, le 26 août 1816. Un troisième concours est organisé[43]. Malgré l'énergie des soyeux Frédéric Pillet, Cremière-Jeuffrain et Belliste-Viot à défendre la candidature de Raverot fils, le sieur Guilloud, dessinateur et fils d'un fabricant Lyonnais, remporte le concours[44]. Après cette succession de péripéties, l'école spéciale de dessin de fabrique ferme ses portes en 1826, ne répondant plus aux objectifs qui lui ont été donnés. Elle n'a pas formé la génération tant attendue de dessinateurs pour soierie.

Toutefois, pendant cette période, Jean-Jacques Raverot continue de diriger le cours de dessin ordinaire dispensé au sein de l'école municipale de la ville. Il enseigne le dessin de figure, dit académique qui, d'après les soyeux, ne répond pas à leurs besoins. Sa direction du Musée des Beaux-Arts n'est pas remise en cause. Elle sera ensuite reprise par son fils[45].

* * *

Durant cinquante années, la famille Rougeot-Raverot, à travers les itinéraires de C.-A. Rougeot, J.-J. Raverot et J.-C. H. Raverot, a occupé les fonctions de professeur de dessin, de directeur des écoles de dessin et du Musée des Beaux-Arts. À la fin du XVIII^e^ siècle, se met progressivement en place une dissociation des enseignements du dessin dit classique ou de figure et du dessin technique ou géométrique appliqué aux objets manufacturés. Le cas de Tours témoigne parfaitement de l'ambition liée à la création des écoles de dessin en France et de celle des autorités locales : former un personnel qualifié pour l'industrie de la soie, c'est-à-dire des techniciens[46].

Cette transformation du système coïncide avec le décès de l'initiateur C.-A. Rougeot en 1797. Son gendre et successeur, Jean-Jacques Raverot, continue à promouvoir le même type de formation, une formation graphique « générale », analogue à celles des peintres et des sculpteurs. Si le goût est essentiel aux artisans, l'élite commerciale, soyeux et manufacturiers, a besoin de dessinateurs spécialisés capables de participer techniquement à la réalisation des produits manufacturés au sein des fabriques. De fait, Raverot s'avère peu à même de s'adapter et de changer le contenu de son enseignement pour répondre à ces nouvelles demandes. Son fils ne le pourra pas plus. La famille Rougeot-Raverot ne maintient donc pas sa suprématie sur l'ensemble de l'enseignement du dessin à Tours. Cependant, la famille domine la vie culturelle et artistique de la ville, gendre et petit-fils succédant à Rougeot au sein de l'école municipale et à la direction du Musée des Beaux-Arts.

## Notes

1. Jacques Anquetil, *La soie en occident*, Paris, Flammarion, 1995, p. 53-54.
2. Brigitte Maillard, « Lent assoupissement : XVII^e^-XVIII^e^ siècle », dans Bernard Chevalier (dir.), *Histoire de Tours*, Toulouse, Privat, 1985, p. 179-220.
3. François Dumas, *La Généralité de Tours au XVIII^e^ siècle. Administration de l'intendant Du Cluzel (1766-1783)*, Paris, Hachette, 1894, p. 17-29.
4. Audrey Millet, « Couleurs de soie : tentatives de rénovation de la teinture à Tours, 1740-1827 », dans *La Soie en Touraine*, Tours, Cité de la Soie, 2007, p. 37-45.
5. Rolande Collas, *Heurs et malheurs des soieries tourangelles*, Blois, Le Clairmirouère du temps, 1987, p. 29-73.
6. Louis-Auguste Bosseboeuf, *Histoire de la fabrique de soierie de Tours des origines au XIX^e^ siècle*, Tours, P. Bousrez, 1900, p. 136.
7. Annie Gilet, « De l'école de dessin au musée : histoire d'une collection », dans A. Gilet, *Dessins XV^e^-XX^e^ siècle. La collection du musée de Tours*, catalogue d'exposition, Musée des Beaux-Arts de Tours, Tours, Mame, 2001, p. 11-22.
8. *Ibid.*, p. 18-19.
9. Audrey Millet, *Dessiner pour tisser. Entre art et économie la formation du dessinateur pour soierie (1776-1826)*, mémoire de Master II, mai 2007, vol. 1, p. 36-44.
10. Archives départementales d'Indre-et-Loire (désormais ADIL), C 348 : Registre des délibérations municipales, Meunier, Simon et Gauvin, conseillers, Banchereau, maire, Tours, 3 février 1779, 4 folios.
11. ADIL, C 348 : Registre des délibérations municipales, le corps de ville et Banchereau, maire, Tours, 31 juillet 1779, 2 folios.
12. ADIL, C 348 : Lettre de F.-P. Ducluzel à J. Necker, Tours, 29 septembre 1780, 3 folios.

13. ADIL, C 348 : Lettre de C.-A. Rougeot à F.-P. Ducluzel, Tours, 31 juillet 1780, 1 folio.
14. ADIL, C 348 : Lettre de F.-P. Ducluzel à C.-A. Rougeot, Paris, 5 août 1780, 1 folio.
15. ADIL, C 348 : Registre des délibérations municipales, Auger Joliviere, Vauquer, Simon, Maucours, Pasquer et Chalmel, Tours, séance du 2 ventôse an V, 3 folios.
16. A. Gilet, « De l'école de dessin au musée… », art. cit, p. 13.
17. ADIL, C 348 : *Lettres Patentes du Roy, portant établissement d'une École Royale gratuite de dessin à Paris,* Fontainebleau, 20 octobre 1767, registrées le 1er décembre 1767, 4 folios ; Agnès Lahalle, *Les écoles de dessin au XVIIIe siècle. Entre arts libéraux et arts mécaniques*, Rennes, Presses universitaires de Rennes, 2006.
18. ADIL, C 348 : F.-P. Ducluzel à J. Necker, Tours, 29 septembre 1780, 3 folios.
19. ADIL, T 1249 ; Martin Wener, *Die Entwicklung der École Gratuite de Dessin und die Gründung des Musée der Beaux-Arts von Tours unter Charles-Antoine Rougeot*, mémoire de maîtrise d'histoire-philosophie, Ruprecht-Karls-Universität Heidelberg, Kunsthistorisches Institut, 2001, p. 122.
20. Union centrale des arts décoratifs. Musée de la mode et du textile, Fonds Galais, 44 vol., BAD 4983 (CC109.1).
21. Jacques-Louis David, *Discours du citoyen David sur la nécessité de supprimer les Académies*, Convention nationale, séance du 8 août 1793, Paris, Imprimerie nationale, 1793.
22. A. Gilet, « L'enseignement pour les étoffes et la mise en carte à Tours de 1778 à 1826 », dans *La soie en Touraine*, Tours, Cité de la Soie, 2004, p. 58.
23. Ulrich Leben, *La fondation de l'école gratuite de dessin de Paris (1767-1815), modèle pour l'Europe et prédécesseur pour le développement des écoles professionnelles et d'arts décoratifs au XIXe siècle*, Sigmaringen, J. Thorbecke, 1995, p. 117.
24. Archives nationales (AN), F/17/1 341/B : Enquête du 20 floréal an VII sur les écoles centrales.
25. Émile Coornaert, *Les corporations en France avant 1789*, Paris, Gallimard, 1941.
26. Mary Schoeser, Kathleen Dejardin, *Tissus français d'ameublement. De 1760 à nos jours*, Londres, John Calaman & King Ltd, 1991, p. 57.
27. ADIL, 9M 17 : J.-J. Raverot, Tours, 24 frimaire an XII, 2 folios.
28. Gaston Coirault, *Les Écoles centrales dans le Centre Ouest : c'est-à-dire dans le ressort de l'académie de Poitiers. (Départements de la Charente, de la Charente-Inférieure, de l'Indre, de l'Indre-et-Loire, des Deux-Sèvres, de la Vendée, de la Vienne et de la Haute-Vienne) an IV à an XII*, Tours, Impr. Arrault et Cie, 1940, p. 246.
29. Cité par Dominique Julia, *Les trois couleurs du tableau noir. La Révolution*, Paris, Belin, 1981, p. 279.
30. Renaud d'Enfert, *L'enseignement du dessin en France. Figure humaine et dessin géométrique (1750-1850)*, Belin, 2003.
31. ADIL, C 348 : C.-A. Rougeot à F.-P. Ducluzel, Tours, 31 juillet 1780, 1 folio.
32. AN, F/17/1 344/18 : les administrateurs au ministre de l'Intérieur, Tours, 17 ventôse an IX, 2 folios.
33. AN, F/17/1 344/18 : Registre des délibérations municipales, Tours, Auger Joliviere, 2 ventôse an IX, 2 folios.

34. Lesley Miller, *Designers in the Lyon Silk Industry, 1712-1787*, thèse de doctorat, Brighton Polytechnic, 1988, p. 196.

35. AN, F/17/1 344/18 : le ministre de l'Intérieur au préfet du département, Paris, 29 fructidor an IX, 1 folio ; ADIL, T 1249 : plan d'intégration de la leçon d'ornement et fleur de J.-J. Raverot, 1 folio, sans signature, sans date.

36. Archives municipales de Tours, HH6 : Registre des délibérations municipales, Tours, 19 octobre 1809, folios 110, 111 et 112.

37. *Ibid.*

38. Michel Laurencin, *Dictionnaire biographique de Touraine*, Tours, Chambray-lès-Tours, 1990, p. 477-478.

39. A. Lahalle, *Les écoles de dessin au XVIII^e^ siècle, op. cit.*, p. 289, d'après A. Gilet, « De l'école de dessin au musée... », art. cit.

40. ADIL, 9M17 : Lettre de candidature d'A.-P. Moze Saint Ruff, Paris, 27 juin 1811, 3 folios.

41. « L'enseignement pour les étoffes... », art. cit., p. 57-63.

42. ADIL, 9M17 : Tours, 31 juillet 1816, 2 folios, folio 1.

43. A. Gilet, « L'enseignement pour les étoffes... », art. cit., p. 62.

44. ADIL, 9M17 : les membres de la Chambre de Commerce, Tours, 12 avril 1817, 4 folios.

45. L.-A. Bosseboeuf, *Histoire de la fabrique de soierie..., op. cit.*, p. 270-275.

46. Sur les techniciens, voir Frédéric Morvan-Becker, *L'école gratuite de dessin de Rouen ou la formation des techniciens au XVIII^e^ siècle*, Thèse d'histoire de l'Université Paris 8, 2010.

# Chapitre 8

# Entre sciences et industrie chimique : la carrière provinciale de Jean-Pierre-Louis Girardin (1803-1884), savant, enseignant et vulgarisateur

**Anne Bidois et François Soulard**

Ancien interne en pharmacie des Hôpitaux de Paris, élève de Louis-Jacques Thénard en son laboratoire du Collège de France, Jean-Pierre-Louis Girardin traverse le XIXe siècle avec une seule obsession : celle de lier recherche scientifique, enseignement et développement des industries chimiques locales, dans une approche alliant vulgarisation et activités académiques.

De fait, sa carrière lui ouvre des fonctions qui lui permettent de développer toutes ses vues en la matière. Il est d'abord titulaire d'une chaire municipale de chimie à Rouen (1828-1858), puis professeur et directeur de l'École préparatoire à l'enseignement supérieur des sciences et des lettres de la ville (1855-1858). Il est ensuite nommé professeur et doyen de la faculté des sciences de Lille (1858-1868) puis recteur de l'académie de Clermont-Ferrand (1868-1873). Enfin, rouennais de nouveau, il devient tout à la fois directeur de l'École préparatoire à l'enseignement supérieur des sciences et des lettres de la ville, titulaire d'une chaire de chimie appliquée, et directeur d'un laboratoire entrant dans le cadre de l'École pratique des hautes études (1873-1882).

L'objet de cet article est de saisir comment ce savant a réussi à concilier les différents éléments de son projet : proposer une chimie « utile », en prise avec les développements industriels et agricoles de son temps ; développer des formations dans ce domaine ; vulgariser les savoirs scientifiques ; faire de la recherche ; être reconnu académiquement, loin des prestigieux établissements parisiens.

## Une carrière en province

Fils d'un pharmacien parisien, formé par Louis-Jacques Thénard après son internat en pharmacie, Jean Girardin inscrit rapidement ses travaux dans la lignée de ceux de son mentor. Mais le jeune chimiste n'est pas un de ces savants-industriels comme ceux de la génération précédente tels les Thénard, Chaptal, Gay-Lussac, qui déploient une partie de leurs activités dans l'industrie. Il est plutôt un savant-propagateur des théories chimiques. Dès son arrivée à Rouen comme titulaire de la chaire municipale de chimie appliquée aux arts en 1828, il intègre les nombreuses sociétés savantes normandes et s'attache, tout au long de sa première période rouennaise, à mettre en place un véritable système de diffusion des sciences chimiques industrielles et agricoles.

Grâce à son appartenance à de nombreuses sociétés savantes ou industrielles, locales ou nationales, Girardin a accès aux travaux de son temps. Il en compulse les découvertes, les teste et s'en sert pour ses propres recherches. Il est alors un auteur prolifique comme beaucoup d'autres savants de son époque. Il publie un nombre important de rapports et de mémoires dans les *Comptes rendus de l'Académie des sciences de Rouen*, dans ceux de la *Société des amis des sciences naturelles* de cette même ville, dans les *Bulletins de la Société libre d'émulation de Rouen*[1], la *Revue de Rouen*, la *Revue de Normandie* ou encore *La Normandie agricole* à partir de 1843. Il publie également dans des périodiques d'envergure nationale : le *Bulletin universel* de Ferrussac, de 1827 à 1831, le *Journal d'agriculture pratique* de Bixio à partir de 1842, *La Nature* entre 1876 et 1884, ainsi que dans des revues plus prestigieuses, comme le *Journal de pharmacie et de chimie* (de 1836 jusqu'à sa mort) et les *Annales de chimie et de physique* (trois textes en 1843-1844)[2].

En 1835, avec l'accord du maire de Rouen, Henry Barbet, et après le succès des cours publics organisés le dimanche par la Société libre d'émulation de Rouen, il crée des cours de chimie, professés aussi le dimanche en séance publique, en faveur des ouvriers. Ces cours sont, à notre connaissance, les premiers du genre inaugurés en province. Ils reçoivent un franc succès et font l'objet d'une rapide publication : *Leçons de chimie élémentaire faites le dimanche à l'École municipale de Rouen*, en 1836-1837.

Son activisme et ses appuis au conseil général de la Seine-Inférieure conduisent à la création en 1838 d'un cours départemental d'agriculture théorique et d'un cours de chimie agricole. Ce dernier est bien sûr professé par Girardin, sous forme de conférences publiques faites dans les villes du département et destinées aux agriculteurs locaux.

C'est pour ces activités de diffusion des connaissances scientifiques que le comité des arts chimiques de la Société d'encouragement pour l'industrie nationale décide en 1839 d'attribuer à titre exceptionnel à « M. Girardin pour l'établissement de cours de chimie industrielle, publications industrielles, une médaille de platine[3] ». La Société d'encouragement n'avait pas en effet pour habitude de décerner des médailles pour des ouvrages ou des publications de leçons, mais plutôt pour des travaux de recherche ou des procédés d'innovation : cette distinction est donc remarquable. C'est après l'avoir reçue que Girardin est nommé membre correspondant de cette société très influente et reconnue dans le monde industriel et scientifique. Nommé en 1842 membre correspondant de l'Institut, il acquiert alors une reconnaissance et une visibilité nationales.

Sous le ministère Fortoul, Girardin s'engage auprès des autorités municipales, des sociétés savantes et des savants locaux pour obtenir la création d'une École préparatoire à l'enseignement supérieur des sciences et des lettres, en lieu et place des cours municipaux. Ce projet aboutit en 1854, contrairement à celui auquel il avait collaboré en 1847 en vue de créer à Rouen une faculté des sciences[4]. Il est le premier directeur et professeur de chimie de la nouvelle École préparatoire[5].

Par la suite, il se lance dans une bataille pour la valorisation du nouveau diplôme délivré par les écoles préparatoires à l'enseignement supérieur des sciences et des lettres, le certificat de capacité pour les sciences appliquées. Il pétitionne aux côtés de plusieurs sociétés savantes auprès des ministres de l'Instruction publique, de l'Agriculture, du Commerce et des Travaux publics, pour astreindre les aspirants aux titres d'architectes et d'ingénieur civil à le passer. Dans un discours présenté à l'Académie des sciences, belles lettres et arts de Rouen, il qualifie ce certificat de capacité de « baccalauréat es sciences appliquées[6] ».

En 1858, il devient professeur à la faculté des sciences de Lille dont il prend également le décanat à la suite du départ de Louis Pasteur.

Ces différents postes, tout comme ses publications dans les revues, sont pour lui des tribunes qui lui permettent de développer sa rhétorique en faveur des liens entre science et industrie.

## La diffusion des connaissances pour favoriser le dialogue entre science et industrie

Mis à part les articles publiés à la fin de sa vie, qui sont consacrés aux arts chimiques, industriels et économiques chez les Anciens[7], l'analyse du contenu scientifique de ses productions montre que l'activité scientifique de Girardin se concentre exclusivement sur l'analyse des matières premières des industries locales (rapports sur la garance, rapport sur une poudre destinée à remplacer le café, sur la composition chimique de la soie…) et sur la mise en application, au sein des industries, des procédés nouveaux découverts par d'autres (notice sur la perrotine, noms et résumé des brevets déposés en Normandie, rapport sur le procédé d'épaillage chimique des tissus de laine employé par M. Joly d'Elboeuf, procédés de reconnaissance des falsifications de plusieurs substances – pain, vin, rocou[8], teintures –...)[9].

Pour Jean Girardin, en effet, chacune des composantes de la chimie (pure et appliquée) peut se nourrir de l'autre : l'industrie profite des avancées théoriques pour réduire les coûts de production, perfectionner les procédés ou même développer de nouvelles productions ; la recherche s'interroge sur les procédés employés de manière empirique par les manufacturiers et les industriels afin d'en percer les secrets et d'en expliquer les réactions. Ce dialogue entre théorie et pratique est pour lui indispensable aux progrès de la science et de l'industrie, progrès qu'il lie intimement ensemble :

> « Les sciences sont maintenant moins cultivées pour elles-mêmes que pour les nouveaux et puissants moyens qu'elles fournissent d'améliorer la condition sociale. Ce qu'on veut surtout, c'est la réalisation pratique des idées scientifiques, c'est la mise en œuvre, dans l'intérêt de tous, des découvertes écloses dans le cabinet ou dans le laboratoire du savant. Les progrès de l'industrie résultent des applications de la science, et ces applications sont également exigées par les besoins de l'agriculture.[10] »

Mais pour que la chimie soit « utile », il faut, selon Girardin, plus que le dialogue entre théorie et pratique : il faut développer la diffusion des connaissances. L'une des originalités de Girardin réside ainsi dans la multiplicité des moyens qu'il mobilise à cet effet. S'il utilise le réseau des sociétés savantes, il s'investit aussi bien dans l'enseignement et la formation que dans les différents médias à sa disposition : périodiques, journaux scientifiques et populaires, publications d'ouvrages de grand tirage.

La conception de Girardin de la chimie comme une science utile se manifeste donc ainsi dans son approche de l'enseignement : diffuser les connaissances auprès du plus grand nombre constitue une voie de progrès scientifique certes, mais aussi de progrès social et industriel. Comme pour nombre de savants contemporains ou antérieurs, des progrès de la science découleront les progrès pour la condition de l'Homme.

Cette rhétorique déjà présente dans la *Chimie appliquée aux arts* de Chaptal parue en 1807, il la développe précisément dans un article rédigé en 1835, intitulé « Considérations sur la nécessité des études scientifiques[11] ». Il y oppose les procédés issus de la « routine » et les « géniaux hasards » du XVIII^e^ siècle aux « principes scientifiques » qui régissent les découvertes du XIX^e^ siècle[12].

Il y expose notamment les principes qui le poussent à populariser, diffuser les connaissances scientifiques : pour lui, les relations entre science et industrie et la parution d'ouvrages élémentaires à destination des manufacturiers ont permis de réels progrès de l'industrie chimique française[13]. Mais ces démarches doivent se poursuivre dans une vraie formation à destination de ce public : « Il faut qu'on s'empresse d'encourager les études scientifiques, et de faire pénétrer les notions essentielles au centre même des ateliers », continue-t-il. La mise en place d' « études scientifiques » est donc pour lui un objectif à atteindre.

Girardin ne s'intéresse pas seulement à l'enseignement et à la formation d'un public directement concerné par les sciences appliquées à l'industrie. Il ajoute que « toutes les classes qui sont placées en dehors de l'exploitation directe des arts ne jouissent pas moins des bienfaits de l'industrie ; elles en ressentent les variations suivant que les produits fabriqués augmentent ou diminuent dans leur prix ou leur quantité, et elles ont, ainsi, le plus grave intérêt à connaître les causes qui président au développement journalier de la richesse publique ». Et de poursuivre :

> « Si quelque chose doit étonner, au milieu de ce mouvement général qui donne une vie nouvelle à nos manufactures, c'est de voir chez le plus grand nombre une ignorance aussi complète des sciences exactes, et surtout des pratiques les plus simples de cette industrie qui fournit à tous les besoins.[14] »

Girardin est au fait des problématiques de son temps et sait qu'un des débats sur l'instruction concerne la place des études à caractère scientifique à côté des études classiques. Il poursuit en expliquant :

> « Les principales études de la jeunesse se réduisent encore à la connaissance des langues mortes, et il n'y a qu'un très petit nombre d'élèves qui acquièrent des notions suffisantes des sciences mathématiques et physiques ; la technologie reste étrangère à une foule de jeunes gens qui, une fois sortis des classes, fatigués de travaux mal dirigés, n'ont ni le temps ni le vouloir peut-être de se livrer à de nouvelles études dont l'utilité ne leur a point été assez démontrée.[15] »

C'est donc dans le débat plus large de la place des sciences dans l'enseignement secondaire en France que l'on doit situer l'action de Jean Girardin.

À l'échelle de sa carrière d'enseignant, les projets et initiatives de Girardin en matière d'instruction sont donc nombreux. Ils témoignent tous de cette même préoccupation de diffusion des connaissances scientifiques en tant que progrès scientifique certes, mais aussi industriel et social, avec une ambition toute industrialiste. Il s'adresse aussi bien à un public scolaire, de l'enseignement intermédiaire au supérieur, qu'à des adultes ouvriers, artistes ou agriculteurs.

## Une carrière portée par des réseaux

Dès son arrivée à Rouen, Jean Girardin intègre le milieu savant. Il est élu président de la Société libre d'émulation de Rouen pour l'année 1836 après en avoir été membre depuis 1831, puis devient le président de la commission de publication du *Bulletin* de cette même société de 1837 à 1842[16]. Ceci est à rapprocher de la liste des nouveaux sociétaires issus du milieu de la chimie qui y adhèrent durant cette période. Ainsi, pour 1838, sur les neuf nouveaux sociétaires, six sont issus du milieu des manufacturiers de la chimie. Comparativement aux adhésions précédentes, la période de forte présence de Jean Girardin dans cette société semble amener un afflux d'industriels de la chimie.

De fait, Girardin se sert de cette société comme d'une véritable vitrine pour ses propres travaux scientifiques. C'est ainsi que l'on dénombre, dans les bulletins de la Société libre d'émulation, pas moins de 31 articles signés par J. Girardin entre 1831 et 1855. L'année la plus remarquable est celle de 1838 au cours de laquelle il publie neuf articles sur les dix qu'il y présente. Le dixième article est signé Preisser, professeur de chimie à l'école normale primaire de Rouen. Ce dernier présente un mémoire sur les travaux de son ancien professeur et désormais collègue : J. Girardin.

Girardin intègre rapidement les autres cercles scientifiques et lettrés locaux et participe activement aux réseaux d'influences. Il entre dans les principales sociétés savantes locales telles que l'Académie de Rouen ou la Société centrale d'agriculture de la Seine-Inférieure. C'est cette intégration dans les milieux industriels, savants et politiques locaux qui lui permet d'accéder, comme on l'a vu, au poste de directeur de la nouvelle École préparatoire à l'enseignement supérieur des sciences et des lettres en 1854. Catholique, il a reçu le soutien du haut clergé local, relayé par l'inspecteur d'académie et le recteur, face à son concurrent protestant, Félix Pouchet.

Il sait également entretenir un réseau de sociabilité avec ses pairs, comme sa correspondance, conservée en partie à la bibliothèque de Rouen, en témoigne. Elle contient de nombreuses lettres reçues d'industriels locaux de Rouen ou de Lille, mais aussi de savants réputés : le chimiste Eugène Peligot lui recommande un ami en visite à Rouen, Frédéric Kuhlmann, chimiste également, l'invite chez lui pour une remise de médaille. Sa correspondance recèle également des échanges et des conseils qu'il prodigue sur la pourpre française, des brevets de teintures, des analyses d'eaux minérales. Il est également en relation avec Anselme Payen, avec qui il échange divers travaux sur la fécule de pomme de terre, ainsi qu'avec Jean-Baptiste Dumas qui, lui demandant d'accueillir un confrère parisien à Lille, signe « Amitiés ». Dumas, alors ministre de l'Agriculture, lui fera aussi parvenir en cadeau un volume des œuvres de Lavoisier. Il jouera également les intermédiaires en transmettant un mémoire de Girardin à l'Académie des sciences, mémoire dont la lecture l'a « vivement intéressé[17] ».

Ce sont également ses réseaux qui permettent à Girardin de succéder à Pasteur au décanat de la faculté des sciences de Lille. Girardin, flatté par la promotion qui lui est offerte, accepte facilement la proposition de Gustave Rouland, ministre de l'Instruction publique, juste après avoir été promu officier de la Légion d'honneur[18]. Une lettre du 11 janvier 1858 au préfet de la Seine-Inférieure[19] est sans équivoque sur l'influence de Rouland quant à la nomination de Girardin : il y demande des informations sur l'application du « décret récent par lequel l'Empereur, sur [sa] proposition, a daigné nommer M. Girardin [...] professeur de chimie à la faculté des sciences de Lille ».

Il faut dire que les deux hommes se connaissaient très bien. Rouland avait publié plusieurs articles en 1834 sur les questions d'éducation des ouvriers dans la *Revue de Rouen* dont il est le cofondateur avec Girardin. Rouland était à la même période conseiller général de la Seine-Inférieure et avait aussi appuyé et permis la création de la chaire départementale de chimie agricole pour son ami.

Une fois devenu doyen de la faculté des sciences de Lille, Girardin poursuit son action en faveur de la diffusion des sciences. Harry Paul le verra d'ailleurs comme un promoteur des liens entre sciences et industrie, plus dynamique que Pasteur lui-même[20]. De fait, non seulement continue-t-il de donner des cours à la faculté des sciences, mais il intègre, aux côtés de Frédéric Kuhlmann, le comité de surveillance de l'École impériale des arts industriels et des mines de la ville[21]. Surtout, il s'investit dans la mise en place de l'enseignement secondaire spécial au lycée de Lille dès 1865. Vice-président du conseil de perfectionnement des cours spéciaux du lycée, il y enseigne la chimie pour les troisième et quatrième années. Ce cours donne d'ailleurs lieu à l'un des rares manuels de l'enseignement secondaire spécial recommandé par le ministère pour l'enseignement de la chimie[22]. Girardin convainc même la mairie, le rectorat et les services du ministère de l'Instruction publique d'installer un laboratoire complet de chimie afin que les élèves puissent effectuer des manipulations par binôme.

J. Girardin entretient également de bons rapports avec Victor Duruy, successeur de Rouland au ministère de l'Instruction publique. En effet, compte tenu du zèle de Girardin lors de la mise en place de l'enseignement secondaire spécial à Lille, Duruy lui demande, dans une note confidentielle, des conseils en vue de l'implantation d'un grand collège d'enseignement spécial dans le département du Nord. Au ministre dont la préférence va pour la ville de Saint-Omer, Girardin recommande que les efforts portent sur Lille et Valenciennes, Saint-Omer étant trop dominée par le clergé. Girardin se permet aussi de donner quelques conseils au ministre pour promouvoir l'enseignement secondaire spécial. Il recommande ainsi de « confier aux Facultés des Sciences la direction des examens », de « remplacer le nom du certificat d'études par celui du diplôme du baccalauréat-ès-arts » et de « placer le nouveau baccalauréat sur la même ligne que les deux autres[23] ».

La promesse du ministre Rouland de l'appeler « à l'une des fonctions majeures de l'université[24] », son engouement pour l'enseignement spécial, ses conseils appréciés de Victor Duruy[25], valent selon toute vraisemblance à J. Girardin sa nomination comme recteur de l'académie de Clermont-Ferrand en 1868. Une académie où il rejoint Henri Lecoq, son ancien camarade de promotion de l'internat de pharmacie des hôpitaux de Paris, devenu doyen de la faculté des sciences et président de la chambre de commerce de la capitale auvergnate et avec qui il avait publié son premier ouvrage.

C'est encore ses réseaux qui permettent à Girardin, bien que touché par la limite d'âge après cinq années de rectorat, de terminer sa carrière à Rouen. Mais un recteur ne saurait revenir à Rouen pour un poste à l'École préparatoire, même en tant que directeur. Rouen n'a toujours pas de faculté des sciences, ce qui n'est pas sans poser un problème pour trouver un poste honorable pour un ancien recteur. La ville ne cesse de réclamer une faculté des sciences mais le ministre de l'Instruction publique, Anselme Batbie, est opposé à ce projet. La solution proposée est une construction *ad hoc* pour Girardin, solution qui a des allures de chantage vis-à-vis de la ville de Rouen. Le ministre écrit ainsi à Girardin : « M. le Recteur, je me suis occupé de votre affaire et elle est en très bonne voie. [...] je suis convaincu que, pour vous reconquérir, les Rouennais accepteront les conditions que je définirai *ex aequo et bono*.[26] » Le ministre octroie en fait à la ville de Rouen cinq chaires[27], dont deux de chimie, installées et entretenues au sein de l'École préparatoire. S'adjoint à cette proposition la création d'un laboratoire pour les hautes études dans le cadre de l'École pratique des hautes études. Girardin devient alors tout à la fois professeur de la chaire de chimie agricole et industrielle, directeur de l'École préparatoire et directeur d'un laboratoire d'enseignement et de recherche entrant dans le cadre de l'École pratique des hautes études en 1873.

* * *

Homme de son temps, Jean Girardin se fit vulgarisateur, enseignant et chercheur et réussit à concilier reconnaissance académique et proximité avec les milieux industriels. Il s'inscrit dans cette mouvance de savants qui promeuvent une alliance entre science et industrie, et le caractère fructueux de leurs interactions, mais il se singularise en se positionnant particulièrement sur le thème de la diffusion des connaissances et de l'enseignement.

C'est par ses réseaux d'influence et son activisme scientifique, mais aussi éducatif que Jean Girardin parvint à concilier réussite académique et reconnaissance du grand public comme des milieux de l'industrie. Un Flaubert, évoquant l'instruction en chimie de Bouvard et Pécuchet, ira jusqu'à faire préférer l'ouvrage de Girardin, intelligible et accessible, au rebutant et ésotérique manuel de l'académicien Victor Regnault[28].

Jean Girardin est peu connu de l'historiographie. Loin du tropisme parisien, il fut un acteur multiple. L'engagement individuel de cet homme permet de mettre en exergue la grande diversité de ses initiatives et de ses responsabilités en matière de formation. Jean Girardin n'est pas seulement un savant. C'est aussi et surtout un enseignant et un formidable acteur de la transformation des systèmes de formation scientifique et technique au milieu du XIX^e^ siècle. Témoignage des résultats de travaux de recherche issus de croisements méthodologiques, l'approche par les acteurs individuels provinciaux, qu'ils aient une mobilité géographique ou non, permet, nous l'espérons, de contribuer à la recherche en histoire des sciences et des techniques dont l'histoire de l'enseignement est partie prenante.

## Notes

1. La Société libre d'émulation de Rouen devient en 1855 la Société libre d'émulation du commerce et de l'industrie de la Seine-Inférieure.
2. Voir Jules Cloüet, « Girardin », dans Eugène-Oscar Lami, *Dictionnaire encyclopédique et biographique de l'industrie et des arts industriels*, tome V, Paris, Impr. Maréchal et Montorier, 1885, p. 472-474.
3. Archives de la Société d'encouragement pour l'industrie nationale, GEN R-22. Séance du 24 avril 1839, p. 137.
4. Archives départementales de la Seine-Maritime, 1 t 1754, Pétition au maire de Dainez, Girardin, Pouchet et Preisser, 15 juillet 1847.
5. Anne Bidois, *La formation scientifique et technique dans l'enseignement supérieur à Rouen (1809-1985). Essai de sociologie historique*, Thèse de l'université de Rouen, 2004.

6. Jean Girardin, « Rapport sur les travaux de la classe de sciences de l'Académie », *Académie des sciences, belles-lettres et arts de Rouen*, Rouen, Impr. A. Péron, 1855, p. 40-41 : « l'Académie voudrait que désormais le titre d'architecte ou d'ingénieur ne pût être porté que par ceux qui pourraient justifier de l'obtention du certificat d'aptitude délivré par les Écoles des Sciences et les Facultés : si ce titre ne constituait pas un droit exclusif, il mettrait au moins, et ce serait un grand bienfait, l'opinion en garde contre toute surprise et il deviendrait alors une véritable recommandation. »
7. Ouvrage manuscrit inédit dont on connaît l'existence par l'intermédiaire des éloges funèbres et de fragments publiés dans *La Nature* entre 1877 et 1880.
8. Matière colorante rouge extraite du rocouyer.
9. Voir « Annexe VI : Articles publiés par J. Girardin dans le Bulletin de la Société libre d'émulation du commerce et de l'industrie de Rouen », dans François Soulard, *La mise en place des formations intermédiaires en chimie appliquée au XIX^e siècle en France : de Jean-Antoine Chaptal à Victor Duruy (1800-1869)*, Thèse de l'université de Nantes, 2006.
10. École préparatoire à l'enseignement supérieur des sciences et des lettres de Rouen, *Programme des cours*, Rouen, Imprimerie A. Péron, 1856.
11. J. Girardin, « Considérations sur la nécessité des études scientifiques », *Revue de Rouen*, tome V, Rouen, Periaux, 1835, p. 45-56.
12. *Ibid.*, p. 46.
13. *Ibid.*, p. 51.
14. *Ibid.*, p. 53-54.
15. *Ibid.*, p. 54.
16. Voir *Séance publique de la Société libre d'émulation de Rouen*, Rouen, Impr. de P. Periaud-F. Baudry, 1804-1836, puis *Bulletins de la Société libre d'émulation de Rouen*, Rouen, F. Baudry, 1837-1854. Disponibles sur le site Gallica de la Bibliothèque nationale de France.
17. Dossier « Dumas » du Catalogue des manuscrits de la bibliothèque de Rouen. Collection Girardin, autographes, ms M. 7.
18. Nommé chevalier de la Légion d'honneur le 28 avril 1841, il accède au rang d'officier de la Légion d'honneur le 11 aout 1857. Cf. Archives nationales (AN), base Léonore, dossier « Girardin ».
19. Archives départementales de Seine-Maritime, 1 T 835 (Écoles spéciales puis municipales) : Lettre du 11 janvier 1858 du ministre de l'Instruction publique (Rouland) à M. le Préfet de la Seine-Inférieure.
20. Voir Harry W. Paul, « Apollo courts the Vulcans : the Applied Science Institutes in Nineteenth-Century French Science Faculties », dans Robert Fox, George Weisz (dir.), *The Organization of Science and Technology in France, 1808-1914*, Paris, Éditions de la Maison des sciences de l'Homme, 1980, p. 155-181.
21. « École Impériale des arts industriels et des mines », dans *Annuaire statistique du département du Nord*, 38^e année, Lille, 1866, p. 125-126.
22. *Bulletin administratif du ministère de l'Instruction publique*, nouvelle série, tome IX, 1868, p. 178.
23. AN, F/17/8707. Souligné dans le texte.

24. AN, F/17/20 843 : Lettre au ministre datée du 29 septembre 1864, cité dans Jean-François Condette, *Les Recteurs d'académie en France de 1808 à 1940. Tome II : Dictionnaire biographique*, Lyon, INRP, 2006.

25. AN, F/17/8 707. Dans le courrier accompagnant cette note, le recteur de l'académie de Douai, indique « que ce sont là des considérations qui ont, en grande partie, l'approbation [du ministre] ».

26. Lettre du 15 octobre 1873, dossier « Batbie » du Catalogue des manuscrits de la bibliothèque de Rouen. Collection Girardin, autographes, ms M. 7.

27. Cette proposition se fait dans le cadre de la redistribution des chaires de la faculté de Strasbourg laissées vacantes à la suite de la défaite de Sedan en 1871.

28. « Pour savoir la chimie, ils se procurèrent le cours de Regnault [...] Enfin je ne comprends pas. – Moi non plus ! disait Bouvard. Et ils recoururent à un ouvrage moins difficile, celui de Girardin [...] » : Gustave Flaubert, *Bouvard et Pécuchet*, Paris, Éditions du Panthéon, 1946, p. 80-81 (1re éd. posthume 1881).

# Chapitre 9

# Edmond Labbé, une vie au service de l'enseignement technique

**Gérard Bodé**

En 1946, deux ans à peine après le décès d'Edmond Labbé, dans une courte biographie – il faudrait plutôt parler d'hagiographie – rédigée par Fernand Rouget et A. Jacquemin sous le titre *Un grand commis de l'État, M. Edmond Labbé*[1], celui-ci était présenté comme le « créateur de l'enseignement technique français » et mis sur un pied d'égalité avec Jules Ferry, créateur de l'enseignement primaire. Une telle emphase, fréquente dans ce genre de littérature, peut faire sourire. Elle traduit néanmoins l'estime dans laquelle on tenait Edmond Labbé à la Libération, sans doute par opposition à l'image un peu ternie de son successeur à la direction de l'enseignement technique, Hippolyte Luc, également décédé en 1944, qu'on accusait d'avoir fait preuve de complaisance à l'égard du régime de Vichy. Si la personne de Labbé est régulièrement évoquée dans les études nationales ou régionales sur l'histoire de l'enseignement technique, il n'existe pourtant pas jusqu'à ce jour, à ma connaissance du moins, de travail d'envergure qui lui ait été exclusivement consacré. Les raisons peuvent être multiples. Jusqu'aux deux dernières décennies, l'histoire de l'enseignement technique n'était pas un domaine très fréquenté. Il y a aussi les difficultés d'approche de sources très dispersées. Par ailleurs, il n'est pas toujours facile de distinguer entre l'homme Edmond Labbé et les fonctions qu'il a exercées, donc d'évaluer le poids de l'appareil que servait ce grand commis de l'État, pour reprendre la formule de Rouget et Jacquemin.

Cette contribution ne prétend nullement combler cette lacune, d'autant que je suis encore loin d'avoir dépouillé toutes les sources disponibles. Je me contenterai d'éclairer ici l'action de cet homme pour trois périodes majeures de sa carrière : comme directeur de l'école nationale professionnelle d'Armentières, comme inspecteur général de l'enseignement technique et, enfin, comme directeur de l'enseignement technique. Je tenterai également de mettre succinctement en lumière les résultats de cette action ainsi que les conceptions et les idées d'Edmond Labbé sur l'enseignement technique et la formation professionnelle.

## Quelques éléments de biographie

Auparavant, pour situer le personnage, il est peut-être utile de donner quelques précisions biographiques[2].

Edmond-Frédéric Labbé est né le 15 janvier 1868 à Paris où son père était chapelier, place de la Bourse. En 1870, la famille s'installe à Douai où son père dirige un atelier de chapellerie. Edmond, après son instruction primaire, entre à l'école normale d'instituteurs de Douai. À sa sortie, en 1887, il est nommé instituteur à Steenvoorde. Il prépare ensuite le concours de l'école normale supérieure d'enseignement primaire de Saint-Cloud où il est reçu premier et dont il sort major. Il est nommé professeur de sciences à l'école nationale professionnelle de Vierzon en 1892, puis quelques années plus à tard à celle d'Armentières dont il devient le directeur en 1900. En 1905, il est nommé inspecteur général des écoles nationales professionnelles, puis en 1908 inspecteur général de l'enseignement technique, à l'âge de 40 ans. À sa demande, sa résidence administrative est fixée à Lille. De 1914 à 1918, resté dans le Nord sous l'occupation allemande, il dirige le comité chargé d'assurer le ravitaillement des populations. En 1918, Herbert Hoover, qui sera élu président des États-Unis en 1929, lui demande de prendre en charge le comité d'aide aux populations sinistrées. Cette action durant la guerre est récompensée en mars 1920 par la croix de commandeur de la Légion d'honneur. Le 19 mars 1920, il est chargé, par intérim, de la direction de l'enseignement technique en remplacement d'Henri Ténot. Un décret du 22 mai 1920 lui confie définitivement ce poste qu'il occupe jusqu'au 24 juin 1933, date de son départ à la retraite. Il s'installe dans sa maison d'Yvetot mais, dès l'année 1934, on lui confie le commissariat général de l'Exposition internationale des arts et techniques de 1937 dont il publie les divers rapports au cours de l'année 1938. Sous le régime de Vichy, il est radié de l'ordre de la Légion d'honneur. Il meurt le 12 juillet 1944 à Yvetot.

## Edmond Labbé à Armentières (1900-1908) : développer l'enseignement technique dans le département du Nord

Edmond Labbé prend ses fonctions de directeur de l'école nationale professionnelle d'Armentières en 1900. Il connaît bien cette école puisqu'il y a exercé comme instituteur-adjoint puis comme maître interne à l'époque où il préparait le concours d'entrée à l'école normale supérieure de Saint-Cloud. Il est familier des écoles nationales professionnelles (ENP) puisqu'il vient de passer sept ans comme professeur dans celle de Vierzon. L'école d'Armentières fonctionne depuis 1887 et Labbé en est le troisième directeur. Le premier directeur, Fatalot, en poste jusqu'en 1893, avait peiné à assurer le recrutement et à établir un enseignement de bon niveau. Le second, Lacabe, est un bon administrateur qui réussit à implanter l'école dans le paysage scolaire local. Mais s'il faut en croire Catherine Vanacker-Dhorme qui a étudié l'école d'Armentières[3], Edmond Labbé est « le véritable organisateur de l'ENP ». Il ouvre une quatrième année, développe les ateliers qu'il dote de machines-outils performantes, augmente constamment les effectifs au point qu'en 1907, Armentières est la plus importante des quatre écoles nationales professionnelles existantes avec 431 élèves (contre 410 à Voiron, 374 à Vierzon et 330 à Nantes).

Au moment de sa prise de fonction, en 1900, il rédige un rapport sur la situation de l'école au 30 avril 1899 à partir des données fournies par son prédécesseur. Au-delà de la description de l'école, de ses enseignements, de ses effectifs et de ses moyens, deux remarques critiques sont à retenir dans ce rapport. Selon ses propres mots, « l'atelier seul forme de bons ouvriers mais il ne les arme pas contre les crises qui sont la conséquence du progrès des inventions ; il ne fait que la moitié de l'apprentissage[4] ». Il déplore aussi la faiblesse de la formation théorique car l'école « a mieux à faire que de former des ouvriers habiles, instruits ; elle doit surtout former des ouvriers honnêtes ». On voit apparaître ici un thème qui sera l'un de ses leitmotive au cours des années ultérieures et que je développerai plus loin.

Mais durant ces années, il n'est pas seulement le directeur de l'école d'Armentières. Il s'investit auprès des autorités locales et des milieux économiques pour promouvoir et développer l'enseignement technique. Son action dans le département du Nord autour de ces années 1900-1914 reste encore à étudier dans le détail. On peut néanmoins déjà la saisir dans ses grandes lignes à partir de l'étude de Robert Vandenbussche parue en 1984[5] et des travaux de Philippe Marchand[6].

Edmond Labbé, maire intérimaire d'Armentières et médiateur au cours d'une grève, est remarqué par le préfet Paul Vincent qui, avec l'accord du ministre du Commerce et de l'Industrie Charles Couyba, lui commande un rapport sur la situation de l'enseignement technique dans le département. Remis le 30 juillet 1906, puis étudié par le conseil général lors de la séance du 16 août, ce rapport vaut à Labbé d'être nommé comme conseiller technique pour les questions de formation professionnelle auprès du préfet et inspecteur des écoles pratiques de commerce et d'industrie du département du Nord.

Labbé est lié aussi avec les maires les plus dynamiques de la région comme Gustave Dron à Tourcoing ou Eugène Motte à Roubaix. En revanche, en ces années de lutte entre les deux ministères de l'Instruction publique et du Commerce et de l'Industrie, son action est peu appréciée par l'inspecteur d'académie qui lui reproche d'être peu « scrupuleux sur le choix des moyens » pour atteindre ses buts[7].

Son rapport au conseil général préconise notamment la création d'une commission locale chargée de rationaliser la politique en faveur de l'enseignement technique. Cette commission composée d'élus locaux, de fonctionnaires et d'industriels devrait recenser les besoins de formation, dresser la liste des écoles à créer, en assurer le fonctionnement et le financement. Labbé émet aussi deux vœux qui rencontrent l'hostilité des chefs d'entreprise, à savoir la création d'un certificat de capacité professionnelle et l'instauration d'une formation professionnelle durant le temps de travail.

Par ailleurs, il demande la création de cinq écoles pratiques de commerce et d'industrie et se montre favorable au rapprochement des ordres d'enseignement par le biais de jumelages entre les écoles primaires supérieures et les écoles pratiques de commerce et d'industrie, ce qui explique l'ire de l'inspecteur d'académie.

## Labbé inspecteur général (1908-1914) : un militant de la formation professionnelle scolarisée au sein du ministère du Commerce

Nommé inspecteur général en 1908, Labbé poursuit et amplifie son action que les divers rapports adressés au conseil général permettent de suivre. Il serait trop long de l'évoquer ici. Notons simplement que dans son rapport de 1913, Labbé, en dépit des résultats obtenus, reste insatisfait. Il constate que les écoles pratiques ont surtout profité aux classes moyennes, aux enfants de fonctionnaires, d'artisans, de commerçants ou d'employés alors que, malgré la multiplication des bourses, les enfants des ouvriers fréquentent peu ces établissements. À peine 6 % du public potentiel est touché. Il note aussi que les principaux soutiens de l'enseignement technique sont les municipalités, notamment Roubaix et Tourcoing. Le conseil général n'octroie que des subventions symboliques et la participation financière de l'État est en baisse constante.

L'épisode le plus marquant de cette période est sans doute la tenue du premier Congrès national de l'apprentissage à Roubaix, du 2 au 5 octobre 1911[8]. L'idée en revient à l'Association française pour le développement de l'enseignement technique, fondée en 1902, et dont Labbé était membre. Le projet date du mois de janvier 1905 mais, faute de moyens, ne peut être concrétisé avant que Labbé, en novembre 1909, transmette la proposition du maire de Roubaix de l'organiser dans sa ville en même temps que l'Exposition internationale du Nord de la France. Labbé fait partie du comité d'organisation et est le rapporteur de la section des questions générales. À ce titre, il lit le 2 octobre un rapport intitulé

« L'apprentissage à l'école et à l'atelier [9] », plaidoyer en faveur d'une formation professionnelle scolarisée à l'école en remplacement de l'apprentissage à l'atelier. Selon lui, l'école permet de se concentrer sur les buts et de réduire la durée de l'apprentissage, d'établir un choix méthodique d'exercices gradués en fonction de leur difficulté en tenant compte de la force physique et de l'intelligence des élèves, de soumettre l'apprentissage aux règles d'une « saine pédagogie[10] » car ce qui vaut pour l'enseignement théorique vaut aussi pour l'enseignement manuel. L'école permet aussi de faire des erreurs et d'en tirer profit car, « l'école étant, avant tout, un véritable champ d'expériences, peut accepter et, au besoin, provoquer des malfaçons, parce qu'elle en profite pour déterminer les causes et en rechercher les effets ; l'atelier évitera toujours une perte, un gaspillage d'outils et de matières premières ; il ne se prêtera pas volontiers à l'expérimentation ». Il livre encore une de ses idées fixes, déjà évoquée, à savoir que le but de l'école n'est pas de former des ouvriers trop spécialisés : « Son but est de fournir des ouvriers complets et aptes à tirer parti de leur savoir, capables de se plier aux circonstances et aux nécessités industrielles. » D'où la nécessité d'une formation complète incluant l'enseignement général.

Il faut noter que ce congrès est un moment fort de l'histoire de l'enseignement technique car il aboutira par le décret du 23 octobre 1911 à la création des comités départementaux de l'enseignement technique, à l'instauration du certificat de capacité professionnelle et à l'établissement d'une école normale de l'enseignement technique. On retrouve ici des thèmes de prédilection d'Edmond Labbé.

Celui-ci œuvre d'ailleurs dans le département du Nord à une rapide mise en application de ces décisions. Dès 1912, le comité départemental dont il est membre voit le jour. Néanmoins, malgré toute l'énergie qu'il déploie en son sein en faveur de l'enseignement technique, il ne réussit pas à en faire l'instrument dont il rêvait. Il n'est guère soutenu par le conseil général ; les syndicats désertent vite les réunions ; une partie des chefs d'entreprise s'y montre hostile à un enseignement qu'il ne peut plus contrôler.

## Labbé directeur de l'enseignement technique (1920-1933) : la construction d'un nouvel ordre d'enseignement

En mars 1920, quand il est nommé, à titre intérimaire en remplacement de l'éphémère Henri Ténot, comme directeur de l'enseignement technique, cet enseignement est rattaché de fraîche date au ministère de l'Instruction publique, à ce ministère auquel il s'était opposé au cours des précédentes décennies. C'est en effet pour rassurer les milieux industriels rassemblés au sein de l'AFDET, qu'un sous-secrétariat d'État spécifique rattaché à l'Instruction publique est créé pour l'enseignement technique. Edmond Labbé occupe la fonction de directeur de l'enseignement technique jusqu'à son départ à la retraite en 1933 et cette continuité tranche avec l'instabilité des sous-secrétaires d'État. Désormais, l'activité de Labbé se confond avec la politique officielle de l'État en matière d'enseignement technique.

La tâche d'Edmond Labbé consiste alors essentiellement à faire appliquer la loi Astier, « charte de l'enseignement technique », loi organique dont l'objet est de donner un cadre et une cohérence à cet enseignement. Il profite d'un environnement économique favorable, la reconstruction du pays générant une réelle croissance. Profitant de cette conjoncture, la direction de l'enseignement technique essaie de promouvoir la formation professionnelle, tant pour l'apprentissage traditionnel que pour l'apprentissage scolarisé.

Le premier objectif consiste à étoffer le réseau des établissements d'enseignement technique. Aussi, entre 1920 et 1931, les lois de finances successives multiplient les décisions de création d'écoles techniques. On voit ainsi les écoles nationales professionnelles, dont le développement avait été stoppé entre 1898 et 1913, connaître une nouvelle extension. Cette politique n'est pas l'œuvre de Labbé mais reprend des décisions antérieures à 1914. La guerre ayant empêché l'ouverture programmée en 1913 des écoles de Tarbes et d'Épinal, en 1920 seules les quatre « anciennes », Voiron, Vierzon, Armentières et Nantes, fonctionnent, mais elles sont cinq en 1926, après l'ouverture de Tarbes, puis onze en 1931, la plupart des créations résultant de transformations d'anciennes écoles pratiques de commerce et d'industrie. Les nouvelles ENP ne sont plus seulement masculines puisque, entre 1927 et 1930, sont également décidées les créations des premières écoles nationales professionnelles de jeunes filles à Bourges, Creil, Lyon et Vizille.

Un développement similaire, quoique moins spectaculaire, s'observe pour les écoles pratiques de commerce et d'industrie qui passent de 63 écoles de garçons en 1919 à 91 en 1926 et à 116 en 1931, et de 17 écoles de filles en 1919 à 23 en 1926 et à 35 en 1931, soit au total, de 80 écoles en 1919 à 114 en 1926 et à 151 en 1931, ce qui fait une progression de 34 établissements entre 1919 et 1926 et de 35 entre 1926 et 1931. Mais cette progression qui traduit essentiellement le volontarisme des pouvoirs publics, notamment par le biais de transformations de sections techniques d'écoles primaires supérieures en écoles pratiques, ne se répercute guère sur les effectifs. On constate même une baisse sensible. À une croissance réelle des effectifs entre 1919 (11 591 garçons et 3 780 filles) et 1926 (20 369 garçons et 6 689 filles), répond une baisse en 1931 (18 063 garçons et 6 340 filles)[11].

Les effectifs des autres catégories d'écoles connaissent des progressions différenciées. Le nombre des écoles professionnelles de la ville de Paris reste inchangé durant la période mais les effectifs n'enregistrent pas de chute : en 1919, 7 écoles de garçons (1 347 élèves) et 8 de filles (1 686 élèves) ; en 1926, 6 de garçons (1 411 élèves) et 8 de filles (1 982 élèves) ; en 1931, 7 de garçons (1 542 élèves) et 8 de filles (1 829 élèves). Les écoles de métiers, créées en 1919 par la loi Astier et dotées d'un statut un peu flou par le décret du 12 juillet 1921, sont au nombre de 8 en 1926 (7 pour les garçons et 1 pour les filles) et 23 en 1926 (21 pour les garçons et 2 pour les filles). L'évolution des sections professionnelles des écoles primaires supérieures reste plus difficile à évaluer, en raison du manque de rigueur des statistiques officielles (la répartition entre les différentes sections n'est généralement pas faite). Le nombre même des sections professionnelles ou techniques demeure incertain. En 1921, ces sections techniques accueillaient 9 434 élèves (5 970 garçons et 3 464 filles), en 1926, 12 987 (8 641 garçons et 4 346 filles) et en 1931, 9 982 (7 569 garçons et 2 413 filles)[12]. Ainsi, pour presque chaque catégorie d'écoles, l'augmentation du nombre des établissements est accompagnée d'une montée des effectifs entre 1920 et 1926, puis d'une baisse entre 1926 et 1931, comme si la croissance économique n'incitait pas aux études professionnelles.

Mais, à côté de l'enseignement technique, les pouvoirs publics tentent aussi de soutenir l'apprentissage traditionnel à l'atelier ou à l'usine. En principe, cet apprentissage ne relève pas des compétences de la direction de l'enseignement technique, mais de celles du ministère du Travail. Néanmoins, avec la création des cours professionnels obligatoires, assimilés à des établissements d'enseignement technique, le ministère de l'Instruction publique accroît son domaine d'intervention en matière d'apprentissage. En 1919, l'apprentissage reste encore régi par la loi de 1851 qui ne satisfait plus personne, le strict contrat individuel entre l'apprenti et le patron n'offrant aucune garantie pour les deux partenaires. Dès 1912, divers projets de loi avaient tenté d'introduire une nouvelle législation afin de rendre obligatoire le contrat d'apprentissage. Si la loi du 10 mars 1928 y consent, elle n'impose cependant pas le contrat écrit et autorise les contrats oraux. Mais en réglementant la fréquentation obligatoire des cours professionnels, déjà prescrite par le titre V de la loi Astier, elle attribue, de ce fait, certains pouvoirs de contrôle aux comités départementaux de l'enseignement technique. Par bien des points, cette loi complète donc la loi Astier.

Grande nouveauté de la loi du 25 juillet 1919 et objet d'une propagande impressionnante non seulement de la part de l'État, mais aussi de celle des syndicats, voire des patrons, les cours professionnels ne connaissent cependant qu'un lent développement. En 1929, ils accueillent 151 528 auditeurs et 160 953 en 1931. De plus, le nombre d'apprentis se présentant au certificat d'aptitude professionnelle, sanction de cet enseignement, est insignifiant en dépit d'une progression réelle : en 1927, 6 893 (dont 5 421 reçus) ; en 1931, 18 896 (dont 13 931 reçus)[13]. La couverture de ces cours est faible : 500 communes à peine, dans 85 départements en possèdent. Au regard de la population potentielle concernée (environ 1 million d'apprentis de moins de 18 ans), le résultat est maigre. D'autant plus qu'avec le vote de la taxe d'apprentissage, dans l'article 25 de la loi de finance du 13 juillet 1925, une source de financement avait été instaurée. Prévue dans le projet Verlot-Carré-Bonvalet de 1917 pour subventionner le seul apprentissage traditionnel, elle oblige les entreprises à payer 0,20 % de leur masse salariale pour financer la formation professionnelle. Le texte prévoit la possibilité d'exonérations partielles ou totales pour les entreprises organisant la formation de leur personnel et charge les comités départementaux de l'enseignement de les examiner (avec recours possible au Conseil supérieur de l'enseignement technique en appel).

Principal objet de préoccupation des divers partenaires, les exonérations de la taxe d'apprentissage fournissent matière à d'innombrables textes réglementaires et obligent l'administration à préciser la nature de cet enseignement technique, la place respective de l'apprentissage traditionnel et de la formation scolarisée, le rôle des cours professionnels obligatoires et surtout à établir des barèmes précis, à partir de ces définitions, des pourcentages d'exonérations pouvant être accordés en fonction de la formation délivrée.

Les dernières années du mandat d'Edmond Labbé sont ternies par la crise économique, la fin de la croissance et l'explosion du chômage. L'enseignement technique constitue désormais l'un des moyens de répondre à la crise, une bonne formation professionnelle permettant de mieux lutter contre le chômage. La crise met aussi fin à un plan d'harmonisation de l'enseignement technique concocté par Labbé et présenté en 1932 au Conseil supérieur de l'enseignement technique[14].

Même si elle repose sur des décisions prises antérieurement, l'action de Labbé durant ces années est décisive pour inscrire l'enseignement technique dans le paysage scolaire français. Elle demeure cependant inachevée : les cours professionnels n'ont pas connu le développement souhaité, la grande réforme structurelle esquissée en 1932 a avorté.

## Les idées d'Edmond Labbé : « L'enseignement technique implique une culture »

Il convient enfin de faire le point sur certaines des idées forces d'Edmond Labbé en s'appuyant sur ses écrits et notamment sur son recueil de discours publié en 1938 par l'Association française pour le développement de l'enseignement technique sous le titre évocateur de *L'enseignement technique au service du pays*[15], et sur les diverses circulaires qu'il a signées entre 1920 et 1933.

Guy Caplat notait en 1995 que « Labbé symbolise en lui les contrariétés et les contradictions de l'enseignement technique[16] ». Il est remarquable de constater que, d'une part, entre les premiers écrits du jeune directeur de l'école d'Armentières, les interventions de l'inspecteur général au congrès de Roubaix de 1911, et les circulaires du directeur de l'enseignement technique du ministère de l'Instruction publique des années 1920-1930, les convictions ne semblent guère évoluer et que, d'autre part, face aux difficultés rencontrées par l'enseignement technique, ces mêmes convictions manquent singulièrement de rigueur doctrinale. Très proche des milieux industriels, mal à l'aise dans le sérail de l'Instruction publique, Edmond Labbé semble chercher un impossible équilibre entre les différentes tensions et ne paraît pas toujours y parvenir. Il se trouve, de ce fait, en butte à de nombreuses critiques.

On note d'abord qu'il reprend la trilogie ancienne, chère à Victor Duruy, stratifiant les formations techniques entre un niveau supérieur (pour les ingénieurs), un niveau intermédiaire (pour les contremaîtres) et un niveau élémentaire (pour les ouvriers). Dans ce triptyque, sa préférence va aux contremaîtres, aux « cadres de l'armée des travailleurs[17] » qui, selon lui, sont les rouages essentiels des entreprises et, de ce fait, le public privilégié de l'enseignement technique. Sans les oublier, il se préoccupera moins des ingénieurs qui, avec leur réseau complet et bien structuré d'écoles, nécessitent moins l'attention de l'administration. Quant aux ouvriers, s'il leur reconnaît « la nécessité des cours professionnels » – pour reprendre le texte d'un de ses discours[18] –, il ne croit pas réellement à leur efficacité et donc à leur succès car ces cours professionnels lui paraissent trop proches de l'apprentissage traditionnel. S'il ne les condamne pas expressément, s'il leur octroie même une certaine utilité, voire une beauté, il n'en est pas moins convaincu de la supériorité de l'enseignement technique, donc de la formation scolaire, sur l'apprentissage. C'est l'essence du discours tenu lors du congrès de Roubaix cité ci-dessus.

Un autre de ses leitmotive est sa foi dans le progrès technique qui améliore la vie quotidienne grâce à ses inventions. Il reste néanmoins conscient des bouleversements qu'il entraîne, notamment dans l'organisation du travail. La conscience de ces dangers ne tempère néanmoins pas cette ferveur technicienne. De ses nombreux voyages aux États-Unis, il ramène une admiration pour le « grand Taylor » dont il faudrait introduire les méthodes en France.

Mais la véritable obsession d'Edmond Labbé, le thème récurrent de ses écrits, est la place de la culture générale au sein de la formation technique. En effet, pour lui, la formation du citoyen et la maîtrise de l'outil de travail sont indissociables. Sa circulaire du 4 décembre 1926 revendique pour l'ouvrier le « droit à une culture par laquelle on devient un homme, c'est-à-dire un être libre ». « L'enseignement technique implique une culture », car « la profession doit être préparée intelligemment, avec le concours d'un solide enseignement général » qui « doit fournir à l'ouvrier par la culture technique, les moyens de s'affranchir[19] ». Selon la circulaire du 9 février 1929 :

> « l'enseignement technique est inaccessible à qui les connaissances générales font défaut. Elles n'en sont pas seulement le complément, comme le dit le texte de la loi, mais la condition et l'accompagnement nécessaire. [...] [L'enseignement technique] veut être, doit être une éducation complète, capable de former à la fois le corps, l'esprit, le caractère. Ses fins professionnelles le lui imposent car elles demandent que l'homme se donne complètement à sa tâche. Les fins sociales, les fins humaines en sont d'ailleurs inséparables. Toute éducation manque son but et mutile l'homme qui ne le prépare pas, en dehors de toute fin spéciale, à vivre humainement.[20] »

C'est cet aspect de sa pensée qui a fait l'objet des critiques les plus violentes, autant chez ses contemporains que parmi les historiens. Les industriels, dont il était pourtant si proche, ne le suivaient pas quand il affirmait non seulement vouloir mettre le métier au centre de la formation technique par le biais d'un « apprentissage méthodique et complet », selon la formule d'une circulaire de 1920 qu'il affectionnait[21], mais aussi l'enfermer dans le carcan de la culture générale. Dans son *Histoire de l'enseignement*, Antoine Prost évoque « le fatras encyclopédique » et « la pédagogie ridicule » découlant de cette vision de la culture générale et l'illustre par le texte d'une leçon de perçage et de forage[22]. Pour Yves Legoux, reprenant une image de Georges Friedmann, Labbé était « dans la situation de Jean le Bon qui devait se garder de plusieurs côtés à la fois », à savoir « défendre un réalisme de la formation professionnelle » contre les partisans de l'enseignement général, mais aussi « défendre [...] les droits de l'enseignement technique théorique » et « développer une formation générale[23] ». En insistant sur la place de l'enseignement général, Edmond Labbé a sans doute rompu l'équilibre qu'il cherchait à préserver. Pour lui rendre justice, il paraît nécessaire de remettre ses écrits dans leur contexte, de les analyser plus finement, de les confronter aux autres opinions de la période, d'en établir l'héritage durant la direction de son successeur Hippolyte Luc, voire même ultérieurement, ainsi que les ruptures.

* * *

Quelle que soit la pertinence des critiques, Edmond Labbé apparaît comme l'un des acteurs essentiels de l'histoire de l'enseignement technique français auquel il a consacré sa vie. Son action permet aussi de saisir l'impact de certaines personnalités sur le développement et l'évolution du système d'éducation. En effet, à côté de la politique officielle, qui commence à être bien connue, et de la création d'un réseau d'écoles dont la recherche récente met en lumière la complexité et l'étendue, il n'est peut-être pas inutile de se pencher sur certaines personnalités, connues et inconnues, sans lesquelles l'enseignement technique ne serait pas ce qu'il est aujourd'hui. Edmond Labbé semble représenter un cas typique de ces hommes de l'ombre, pourtant placé dans une position stratégique pour la prise des décisions, sur lesquels l'historiographie ne s'est jusqu'à ce jour que peu penchée. À ce titre, il serait utile de lui consacrer un jour une monographie qui mettrait pleinement en lumière son œuvre, à toutes les étapes de son parcours, et analyserait ses écrits.

## Notes

1. Fernand Rouget, A. Jacquemin, *Un grand commis de l'État, M. Edmond Labbé,* Paris, Société des amis d'Edmond Labbé, 1946.
2. Je tiens à remercier Monsieur Guy Caplat, chercheur associé du Service d'histoire de l'éducation, qui m'a transmis la notice très complète sur Edmond Labbé qu'il a rédigée en vue de la publication d'un dictionnaire biographique des inspecteurs généraux de l'enseignement technique. Cette notice m'a permis de compléter, voire de corriger, les données que j'avais pu recueillir.
3. Catherine Vanacker-Dhorme, « Les débuts de l'enseignement professionnel dans le Nord : l'exemple de l'ENP d'Armentières », *Revue du Nord,* tome LXVII, n° 266, juillet-septembre 1985, p. 749-767.
4. AD Nord, série T Rectorat 1090, rapport du 30 avril 1899 sur la situation morale et matérielle de l'école, cité par C. Vanacker-Dhorme, « Les débuts de l'enseignement professionnel dans le Nord… », art. cit., p. 760, note 38.
5. Robert Vandenbussche, « Les pouvoirs locaux et les débuts de la formation professionnelle dans le Nord sous la III^e^ République (1880-1914) », *Revue du Nord,* tome LXVI, n° 261-262, avril-septembre 1984, p. 883-892.
6. Philippe Marchand, « Les écoles pratiques de commerce et d'industrie dans le Nord de la France, 1892-1940. Jalons pour une histoire nationale de l'enseignement technique et professionnel moyen », dans Thérèse Charmasson (dir.), *Formation au travail, enseignement technique et*

*apprentissage. Actes du 127ᵉ Congrès national des sociétés historiques et scientifiques, 15 au 15 avril 2002*, Paris, Éditions du CTHS, 2005, p. 31-52.

7. AD Nord, 2 T 2713, rapport de l'inspecteur d'académie Prélat au recteur de l'académie de Lille, 9 mars 1907, cité dans P. Marchand, « Les écoles pratiques... », art. cit., p. 38, note 22.

8. Association française pour le développement de l'enseignement technique [AFDET], Congrès national de l'apprentissage de Roubaix tenu les 2, 3, 4 et 5 octobre 1911 sous la présidence de M. Modeste Leroy, député de l'Eure, vice-président du Conseil supérieur de l'enseignement technique, président de l'association. *Comptes-rendus des travaux du congrès publiés par le secrétariat général avec la collaboration de MM. les présidents et secrétaires des sections. Rapport général par M. P. Jannettaz, secrétaire-général du congrès [...]*, Paris, AFDET [1912].

9. *Ibid.*, p. 135-138.

10. « En effet, à l'école, l'enseignement manuel sera, comme l'enseignement général ou théorique, soumis aux règles de la saine pédagogie, et celle-ci, reconnaissons-le, est une science avec laquelle il faut compter toutes les fois qu'il s'agit de faire apprendre quelque chose à quelqu'un », *ibid.*, p. 136.

11. Sur la politique de la direction de l'enseignement technique, voir Gérard Bodé, *L'enseignement technique de la Révolution à nos jours. Tome II : de 1926 à 1958. Vol. 1 : textes officiels*, Paris, Économica/INRP, 2002, p. 22-25. Les chiffres donnés ici ont été calculés à partir des tableaux dressés dans Jean-Pierre Briand, Jean-Michel Chapoulie, Françoise Huguet, Jean-Noël Luc, Antoine Prost, *L'enseignement primaire et ses extensions. Annuaire statistique, XIXᵉ-XXᵉ siècles. Écoles maternelles, primaires, primaires supérieures et professionnelles*, Paris, INRP/Économica, 1987, p. 203-266.

12. *Ibid.*

13. Jean-Pierre Guinot, *Formation professionnelle et travailleurs qualifiés depuis 1789*, Paris, Domat-Montchrestien, [1946], p. 212-215 et 227-230. Guinot n'indique pas les sources de ces chiffres.

14. Pour la politique officielle en matière d'enseignement technique et la participation d'Edmond Labbé, voir Thérèse Charmasson, Anne-Marie Lelorrain, Yannick Ripa, *L'enseignement technique de la Révolution à nos jours. Textes officiels. Tome I : 1789-1926*, Paris, INRP/Économica, 1987 ; G. Bodé, *L'enseignement technique de la Révolution à nos jours, op. cit.* Voir aussi, pour le plan de réforme de 1932, Guy Brucy, *Histoire des diplômes de l'enseignement technique et professionnel (1880-1965). L'État, l'École, les Entreprises et la certification des compétences,* Paris, Belin, 1998, p. 112-115.

15. Edmond Labbé, *L'Enseignement technique au service du pays. Recueil des discours [...]*, Paris, Association française pour le développement de l'enseignement technique, [s.d., 1938].

16. Guy Caplat, notice manuscrite sur Edmond Labbé rédigée pour la publication d'un dictionnaire des inspecteurs généraux de l'enseignement technique à paraître au Service d'histoire de l'éducation.

17. E. Labbé, *L'enseignement technique au service du pays, op. cit.*, p. 275-277 : discours du 7 février 1926 à l'assemblée générale de la Société amicale des anciens élèves des écoles nationales professionnelles.

18. *Ibid.*, chapitre 20, p. 252-253.

19. Circulaire relative à la collaboration entre les cours professionnels et les cours d'adultes, dans G. Bodé, *L'enseignement technique de la Révolution à nos jours, op. cit.*, p. 92-94.

20. Circulaire concernant les attributions des inspecteurs d'académie à l'égard de l'enseignement technique, dans G. Bodé, *L'enseignement technique de la Révolution à nos jours, op. cit.*, p. 125-129.

21. L'expression ne semble pas avoir été inventée par Edmond Labbé mais par Hippolyte Fontaine en 1910. Voir à ce propos, G. Brucy, *Histoire des diplômes de l'enseignement technique et professionnel…*, *op. cit.*, p. 101. Elle apparaît néanmoins fréquemment sous la plume d'Edmond Labbé à partir de la circulaire du 14 avril 1920. Dans son recueil de discours, elle sert de titre au chapitre 17.

22. Antoine Prost, *Histoire de l'enseignement en France, 1800-1967*, Paris, A. Colin, 1968, p. 314-315 et 319-320 (pour le texte d'illustration).

23. Yves Legoux, *Du compagnon au technicien. L'École Diderot et ses évolutions successives, 1873-1972*, Paris, Technique et Vulgarisation, 1972, p. 196-197.

# Chapitre 10

# La carrière du mathématicien Gaston Floquet à Nancy : le choix de l'Est

**Laurent Rollet et Philippe Nabonnand**

Lorsqu'il prend sa retraite en 1918, Gaston Floquet a derrière lui quarante-six ans de carrière encadrés par deux guerres. Jeune normalien fortement marqué par la guerre de 1870, il était entré dans l'enseignement secondaire en 1873 en affichant d'emblée la volonté d'ancrer sa carrière en Lorraine. Nommé maître de conférences à la faculté des sciences de Nancy en 1878, il y occupe successivement les chaires de mathématiques appliquées, de mathématiques pures et d'analyse. Devenu doyen à partir de 1905, il aura à la fois à gérer l'âge d'or de la faculté (augmentation du nombre d'étudiants, création d'instituts techniques, développement des formations d'ingénieurs) et son déclin inévitable suite aux désastres de la guerre.

Floquet fait donc toute sa carrière dans une ville dont la physionomie est largement affectée par les conséquences de la guerre de 1870[1] et dans une université-frontière qui bénéficie d'un afflux massif d'étudiants et d'enseignants d'Alsace et de Moselle. Astronome, mathématicien, défenseur de la décimalisation du temps, il est également un doyen bâtisseur, un acteur du développement des sciences appliquées, un promoteur de l'aviation civile et militaire et un des piliers de l'organisation de la faculté durant la Première Guerre mondiale.

En histoire des sciences, la province, et plus généralement la périphérie, n'apparaissent éventuellement que comme une étape vers Paris ou les centres. L'étude du parcours de Floquet vient remettre partiellement en question cette idée reçue. À la différence de beaucoup d'universitaires pour qui l'aboutissement d'une carrière passait par Paris, il est l'un de ces savants patriotes dont l'activité académique incarnera l'esprit de reconquête à l'Est et qui parviendra à trouver un épanouissement personnel et professionnel en se mettant au service de la « petite patrie » lorraine.

À travers cet article, on entendra donc montrer l'extrême cohérence de son parcours professionnel et, d'une manière plus générale, mettre en évidence une configuration historique dans laquelle la périphérie – conçue comme lieu de pratiques scientifiques et d'enseignement – ne semble pas être vécue sur le mode de l'échec ou de la frustration.

## La jeunesse et les années d'étude

Gaston Floquet naît à Épinal le 15 décembre 1847. Son père est officier d'administration militaire. La famille s'installe à Nancy alors qu'il est très jeune et c'est donc au lycée de la ville qu'il fait une grande partie de ses études. Après un passage par le lycée Louis-Le-Grand, il intègre la section scientifique de l'École normale supérieure en 1869 (il y est reçu cinquième à 22 ans). La guerre de 1870 constitue un choc profond pour lui. Dispensé de service militaire, en raison de son statut de normalien, et convaincu que la guerre ne durera guère que trois semaines, Floquet apprend la nouvelle de la défaite française durant ses vacances nancéiennes en juillet 1870. Il décide alors de quitter sa famille et de s'engager dans le corps du génie auxiliaire de l'armée de la Loire en tant que sous-lieutenant[2]. Il est probable qu'il ne prit pas part aux combats mais cette expérience semble jouer un rôle dans ses choix professionnels et privés futurs.

Après cette interruption (l'année 1871 s'achevant sans examens de fin d'année et sans concours d'agrégation), il reprend ses études à l'École normale supérieure mais sans réussir dans l'immédiat le concours de l'agrégation de mathématiques. Il obtient peu de temps après sa sortie de l'école une licence de sciences mathématiques et physiques et il commence alors une carrière d'enseignant dans le secondaire qui durera six ans.

## L'enseignement secondaire et l'ancrage dans l'Est de la France

Lorsqu'il commence sa carrière d'enseignant, Floquet demande expressément à obtenir un poste dans l'Est de la France et accepte de ne pas obtenir de classe de mathématiques élémentaires (ce qui constitue pourtant la voie habituelle pour les normaliens). On lui confie donc une charge de cours de mathématiques dans les classes de lettres du lycée de Belfort. Il s'aperçoit cependant très rapidement que ce choix lui coûte relativement cher : Belfort est à neuf heures de Nancy et ne possède pas de faculté des sciences ; il vient d'échouer à l'agrégation et cet échec est lié, selon lui, à son éloignement des cercles académiques et au caractère peu satisfaisant de l'enseignement qu'il doit dispenser.

« Je ferai tous les efforts possibles pour arriver à cette agrégation, et ce que j'ai l'honneur de vous demander, Monsieur le Ministre, c'est de m'en faciliter les moyens. Pas le moindre élément scientifique à Belfort, ni au lycée, ni en ville ! Pas le moindre profit pour moi dans le cours ingrat et insignifiant que j'y fais ! En somme conditions déplorables pour un candidat ! Que d'avantages au contraire dans un lycée scientifique, souvent voisin d'une faculté, possédant une classe de mathématiques spéciales, une bibliothèque, une bonne classe d'Élémentaires.[3] »

Au bout d'un an passé à Belfort, Floquet se résigne donc à demander au ministre soit une chaire de mathématiques élémentaires, soit une chaire quelconque mais dans un lycée scientifique ayant une classe de mathématiques spéciales. Il accompagne sa demande d'une liste de villes classées par ordre de préférence et dont les premières sont situées dans l'Est de la France : Dijon, Reims, Besançon, Caen, Grenoble, Rennes, etc.[4]

Le ministère exaucera ce vœu en le nommant professeur de mathématiques élémentaires au lycée d'Angers en septembre 1874, poste qu'il occupera durant deux ans et qui lui permettra de préparer et d'obtenir l'agrégation (en 1875). La suite de sa carrière d'enseignant du secondaire le conduira à partir de novembre 1876 au lycée de Clermont-Ferrand où il sera en charge d'une classe de mathématiques spéciales (et ce jusqu'en février 1878).

## L'entrée dans l'enseignement supérieur et le début de carrière à Nancy

Un concours de circonstances et quelques soutiens vont permettre à Floquet de s'installer à la faculté des sciences de Nancy en 1878. Durant l'année scolaire 1877-1878, il est en poste à Clermont-Ferrand et il prépare alors une thèse sous le parrainage du mathématicien Charles Hermite. Sa première thèse porte sur la théorie des équations différentielles linéaires et elle s'inscrit dans le programme de recherche consistant à systématiser l'usage des techniques linéaires dans l'étude des équations différentielles linéaires. Sa seconde thèse concerne les intégrales eulériennes.

À Nancy, la faculté des sciences traverse une période difficile. Nicolas Renard, titulaire de la chaire de mécanique appliquée depuis 1871, est en congé pour maladie depuis décembre 1877 et son cours de mécanique n'est plus assuré ; les étudiants sont donc livrés à eux-mêmes. Depuis plusieurs semaines, le rectorat demande sans succès la création de deux maîtrises de conférences – une en zoologie et une en mathématiques – et la situation devient très préoccupante au début de l'année 1878.

On pense d'abord à confier une charge de cours à Félix Walecki qui est professeur de mathématiques spéciales au lycée de Nancy mais la solution est vite abandonnée du fait d'une surcharge de travail (il a près de soixante-dix élèves dans sa classe).

Une autre solution envisagée est de faire venir à Nancy Victor Émile Lacour (1854-1913), jeune normalien prometteur (promotion 1874) qui a obtenu l'agrégation en 1877. Cette solution est également abandonnée suite à la décision d'un inspecteur de l'enseignement secondaire (Charles Jean Vacquant) de le nommer au lycée d'Angoulême[5].

Floquet est également pressenti pour le poste : il est considéré comme un jeune agrégé de mérite et il sollicite depuis longtemps ce type d'emploi, qu'il désire par-dessus tout obtenir à Nancy. Deux problèmes se posent cependant. D'une part, on est en février et il faut trouver un remplaçant pour sa classe de mathématiques spéciales s'il est nommé. D'autre part, il n'a pas encore soutenu sa thèse et il faudrait que celle-ci soit bien avancée pour qu'il puisse espérer obtenir une position définitive à Nancy. En réalité, Floquet n'a pas attendu février 1878 pour se porter candidat sur le poste à Nancy. Dès la fin de l'année 1877, il est informé de la situation nancéienne et de la maladie de Renard, ce qui le conduit à faire jouer ses soutiens : son oncle, le général Achille Thomassin, intervient donc à plusieurs reprises auprès du directeur du personnel au ministère de l'Instruction publique. Il s'agit d'un soutien de poids :

> « J'ai eu l'honneur de vous entretenir dernièrement de cette affaire et vous avez bien voulu me donner l'espoir qu'elle aurait une solution conforme à mes désirs. Mon neveu est sur des charbons et m'envoie dépêche ou lettre chaque jour. Un mot de réponse s'il vous plaît Monsieur le Directeur.[6] »

Floquet sera finalement nommé maître de conférences à Nancy le 13 février 1878, et il sera remplacé à Clermont-Ferrand par François Dautheville, alors en poste à Grenoble… Au prix d'une importante perte de revenu, son salaire passant de 5 100 à 3 000 francs par an[7].

Son entrée dans l'enseignement supérieur se fait donc par le biais des mathématiques appliquées, alors même que ses recherches mathématiques le mènent plutôt vers l'analyse. Floquet poursuit la préparation de sa thèse à Nancy. Il la soutient à la faculté des sciences de Paris le 8 avril 1879, devant un jury composé de Charles Hermite, Jules Tannery et de Jean-Claude Bouquet. L'objectif de sa thèse est d'exposer les travaux récents, en particulier allemands, de la théorie des équations différentielles linéaires dont il signale qu'elle est « devenue classique en Allemagne » et qu'elle « y a donné naissance à un grand nombre de travaux », dont notamment ceux de Lazarus

Fuchs, de Carl Johannes Thomae et de Georg Frobenius. Il souligne que ces travaux développés par l'école de Berlin ont leur origine dans ceux, datant de la première moitié du XIXe siècle, de mathématiciens français comme Augustin-Louis Cauchy, Victor Puiseux, Charles Briot et Bouquet. Le rapport rédigé par Hermite soulignera l'important « service rendu à la science » française et celui remis au doyen de la faculté des sciences de Nancy (Renard) par l'inspecteur d'académie de Nancy (Jean Roger) estimera que Floquet « a les qualités de savoir et d'expérience du professorat, nécessaires pour réussir dans l'enseignement supérieur » et qu'il « est à désirer qu'il puisse être attaché par des liens plus intimes à la Faculté des sciences de Nancy[8] ».

Maintenu à son poste de maître de conférences en 1879, Floquet sera finalement nommé professeur suppléant sur la chaire de Renard jusqu'à la mort de celui-ci le 10 février 1880. Il sera nommé officiellement sur cette chaire le 3 juillet 1880.

## La carrière universitaire et l'œuvre scientifique

Pendant près de dix années, Floquet occupe la chaire de mathématiques appliquées. La mort d'Émile Mathieu, le 10 octobre 1890, lui offre la possibilité de revenir vers le champ des mathématiques pures et de l'analyse, qu'il cultive depuis des années. À la veille de la rentrée universitaire, le 5 novembre 1890, il écrit ainsi officiellement au recteur d'académie pour demander son transfert sur la chaire de mathématiques pures laissée vacante par le décès de Mathieu. Il insiste, comme à son habitude, sur son désir d'ancrage à Nancy, ainsi que sur le décalage entre ses activités de recherches et ses activités d'enseignement.

> « Lorsqu'il y a dix ans, la chaire de mathématiques appliquées devint vacante, je n'hésitai pas à poser ma candidature. Ce n'était pas pourtant que mes études antérieures me fissent désirer l'enseignement de la Mécanique et de l'Astronomie : admis au doctorat avec deux thèses de Calcul intégral c'est l'Analyse que j'aurais voulu enseigner mais je ne pouvais que saisir avec empressement l'occasion qui s'offrait à moi d'entrer à la Faculté de Nancy. Depuis lors, c'est encore l'Analyse que j'ai toujours cultivée, et à de rares exceptions près, toutes mes publications se rapportent à cette branche des mathématiques. Aussi ai-je déploré plus d'une fois que la nature de mes enseignements me mit hors de cette voie.[9] »

Il est nommé à cette chaire le 1er décembre 1890 et Jules Molk, alors professeur de mécanique rationnelle et appliquée à la faculté des sciences de Besançon, lui succède sur la chaire de mathématiques appliquées.

Durant toute cette première période, et surtout durant les années 1880-1885, les travaux de Floquet sont des développements des idées contenues dans sa thèse. En 1883, un article sur les équations différentielles linéaires à coefficients périodiques lui permet d'acquérir une renommée mathématique et inaugure ce que les historiens appellent aujourd'hui la « Théorie de Floquet »[10]. Il publie un grand nombre de notes aux *Comptes rendus de l'Académie des sciences* – toutes présentées par Hermite – ainsi que plusieurs articles dans les *Annales scientifiques de l'École normale supérieure* ou le *Bulletin de la Société des sciences de Nancy*. À partir de 1887, il entame un cycle de travaux en mécanique ; il s'intéresse notamment aux mouvements d'un fil dans l'espace[11] en utilisant le formalisme développé par Gaston Darboux dans ses *Leçons sur la théorie générale des surfaces*.

Cet intérêt pour les questions de mécanique se prolongera jusqu'en 1900, soit bien après sa nomination sur la chaire de mathématiques pures. D'ailleurs, contrairement aux déclarations citées précédemment, à partir de 1890, Floquet semble beaucoup moins intéressé par l'analyse qu'en début de carrière.

En décembre 1898, la chaire de mécanique pure est divisée en deux : une chaire de mécanique rationnelle, qui échoit à Molk, et une chaire d'analyse sur laquelle Floquet est élu et qu'il occupera jusqu'à sa retraite en 1918. Floquet est passionné par l'astronomie et assure à Nancy pendant plusieurs années un cours complémentaire d'astronomie tout en multipliant les conférences publiques d'initiation. Il utilisera toutes les occasions pour créer un observatoire à Nancy et obtiendra même de l'Observatoire de Paris le prêt d'instruments d'observation. Malheureusement ses efforts pour installer un observatoire à Nancy seront réduits à néant par la guerre de 1914-1918.

À partir de 1900, il ne publie quasiment plus que des articles de vulgarisation ou de promotion des sciences et techniques dans des revues de sociétés savantes locales ; il poursuit ainsi une activité intense de conférences visant à la fois à assurer son statut d'intellectuel vis-à-vis des élites culturelles nancéiennes, à faire participer celles-ci aux grands événements astronomiques comme les éclipses et à informer des grands projets internationaux comme celui de l'unification de l'heure ou de la carte photographique du ciel. Membre de l'Association française pour l'avancement des sciences depuis les années 1880, Floquet s'investit également, comme nombre d'universitaires provinciaux, dans les sociétés savantes locales, et ce dès son début de carrière à Belfort. Il participe ainsi régulièrement aux activités de la Société des sciences de Nancy ainsi qu'à l'académie locale, l'Académie de Stanislas[12]. Il est également actif au sein de la Société lorraine de photographie ou de la Société industrielle de l'Est. Dans ses interventions, il insiste avec constance sur l'importance de la science française dans le développement des techniques modernes ainsi que sur le rôle moteur joué selon lui dans ce processus par les inventeurs et scientifiques lorrains[13].

## Le décanat

Au cours de sa carrière, Floquet présidera à plusieurs reprises le jury d'agrégation de mathématiques (d'abord l'agrégation de l'enseignement spécial en 1888-1889 puis l'agrégation classique en 1904-1905). Il sera également membre du Comité consultatif de l'enseignement public à partir de 1908. Il exercera surtout pendant plusieurs décennies la fonction de doyen : élu d'abord assesseur du doyen Ernest Bichat en 1888, puis reconduit en 1892, il lui succède à sa mort en 1905 et il est constamment réélu à cette fonction jusqu'en 1919.

Il poursuivra et intensifiera la politique d'Ernest Bichat de création d'instituts universitaires formant des ingénieurs industriels. Nancy est en effet l'une des premières villes universitaires de province à entrer dans le mouvement de création des instituts de sciences appliquées au sein des facultés des sciences à la fin du XIXe siècle. L'impulsion de Bichat, conjuguée à celle d'Albin Haller, avait permis de créer en l'espace d'une décennie un institut chimique (1887), une école de brasserie et de malterie (1893), un institut électrotechnique (1900) et un institut botanique agricole et colonial (1901)[14]. Sous le décanat de Floquet, une école de laiterie (1905), un institut géologique (1908), une école des mines (1919), et même un institut d'aérodynamique et de météorologie (1913) verront le jour. De plus, la faculté des sciences atteindra en 1913 plus de 1 000 étudiants dont la moitié sont élèves des instituts. À la veille de la Première Guerre mondiale, elle se présente alors comme une véritable « faculté de technologie » et se targue d'être la plus importante faculté des sciences de province. Floquet compte comme Bichat sur l'appui de la Société industrielle de l'Est pour mener à bien les projets de la faculté des sciences, mais au contraire de son prédécesseur, il n'est pas un membre influent des réseaux politiques républicains et il n'est pas élu. Il préfère user de son statut de notable universitaire qu'il avait patiemment construit en participant à la vie des sociétés savantes ou d'intérêt public comme la Ligue de l'enseignement.

En tant que doyen, Floquet parvient à imprimer sa marque sur le pôle scientifique nancéien, au point de devenir « une des figures les plus représentatives de la ville et de l'université » et une autorité morale incontestable[15]. Une grande partie de ses efforts s'oriente avant la guerre vers le développement de l'aéronautique civile et militaire à Nancy, positionnant ainsi la faculté des sciences sur un créneau promis à un bel avenir et traversé par des enjeux à la fois locaux et nationaux.

## La promotion de l'aéronautique à Nancy

Son action en faveur de l'aéronautique commence en janvier 1909. Suite à une grande conférence publique du président de la Ligue nationale aérienne, René Quinton, Floquet décide de créer à Nancy la Ligue aérienne de l'Est, dont l'ambition est de :

> « collaborer aux efforts de la Ligue nationale aérienne pour soutenir le mouvement d'opinion nécessaire à l'essor du nouveau mode de locomotion, de réunir les ressources indispensables pour conserver à la France le rôle qu'elle a déjà pris dans les conquêtes de l'Aéronautique et de l'Aviation et principalement de doter [les] départements frontières des appareils et des moyens d'étude qui feront de Nancy le champ d'expériences de toute cette région déjà si remarquable au point de vue scientifique et industriel.[16] »

Il va de soi qu'il est tout autant pour lui question de développer l'aéronautique civile que militaire. La même année, prenant occasion de l'événement constitué par l'Exposition internationale de l'Est de la France[17], il parvient à faire organiser le quatrième Congrès international d'aéronautique à Nancy. Celui-ci se déroule du 18 au 23 septembre et rassemble plus de soixante-dix participants de sept nationalités différentes. Il s'agit là d'une initiative importante qui donne un poids considérable à ses projets de développement de l'aviation à Nancy[18].

La Ligue aérienne de l'Est deviendra plus tard la Société des amis de l'aviation et comptera très vite plus de 1 200 adhérents. Elle aura son siège social à la faculté des sciences et sera présidée par Floquet jusqu'à sa mort. Elle saura mobiliser différents réseaux – universitaires (le mathématicien Henry Vogt et le physicien Edmond Rothé en feront partie), militaires, politiques, économiques (la Société industrielle de l'Est, la Fédération des commerçants nancéiens) – pour mener à bien différents projets : la construction d'un aéroclub (1909), l'accueil de l'étape nancéienne du Circuit aérien de l'Est (1910), l'organisation de fêtes populaires de l'aviation, l'achat d'avions et de hangars pour équiper les escadrilles militaires de Nancy (1911) ou le don de terrains à la faculté des sciences pour le futur institut d'aérodynamique et de météorologie qu'elle entend faire ériger (1914).

Rothé, qui est chargé d'un secrétariat technique au sein de cette association, semble être le premier à envisager la création d'un nouvel institut technique dédié à l'aviation. Ses recherches sur la télégraphie sans fil font de lui un promoteur des sciences appliquées ; il préside par ailleurs la commission météorologique de Meurthe-et-Moselle. Dès novembre 1912, l'institut existe « virtuellement » à travers des cours théoriques dispensés dans les bâtiments de l'institut de mathématiques et de physique. Le cursus est pensé comme une spécialisation d'un an destiné à des étudiants avancés : titulaires d'une licence ès sciences, ingénieurs diplômés des instituts, sous-officiers et officiers. Durant cette première année, il accueille trente-sept étudiants (dont quelques ingénieurs diplômés de l'institut d'électrotechnique et de mécanique appliquée et huit sous-officiers et officiers). En juin 1913, Rothé, qui en assure la direction, obtient la création d'un diplôme d'études supérieures aérodynamiques dont la finalité est la formation de concepteurs d'avions et d'aviateurs. L'enseignement se veut interdisciplinaire : Floquet s'occupe du cours général d'aéronautique, Rothé enseigne l'aérodynamique, la météorologie et la télégraphie sans fil, Édouard Husson s'occupe de l'équilibre des aéroplanes et des différents types de vol. La formation consiste également en cours sur les moteurs et les hélices (Ernest Hahn), sur la résistance des matériaux (Antoine Dumas) ou sur les moteurs électriques. Elle est complétée par plusieurs démonstrations sur l'aérodrome militaire de Villers-Lès-Nancy (avions, moteurs, cerfs-volants) et par des conférences militaires.

Le 12 juillet 1914, tout est en place pour fêter la construction du bâtiment de l'institut d'aérodynamique et de météorologie. Lors d'une grande cérémonie patriotique, la Société des amis offre à l'armée deux hangars doubles pour abriter des avions, un hangar-atelier et un hangar-remise. Ce don représente une somme de 105 000 francs obtenue grâce à différentes souscriptions. Au nom de l'association, Floquet fait également don à l'université de Nancy d'un terrain de cinq hectares en vue de la construction du futur institut, dont les plans et le devis de construction ont été approuvés par ses soins en tant que doyen. Un mois plus tard, l'entrée en guerre met un coup d'arrêt à l'ensemble du projet. L'institut ne sortira jamais de terre et les projets de Floquet ne seront plus une priorité après l'armistice.

## Gaston Floquet et ses collègues mathématiciens

Tous les récits s'accordent pour faire de Floquet le pilier du fonctionnement de la faculté des sciences durant les années de guerre et l'exemple du devoir de présence. Il fait partie de la « vieille génération » qui conçoit son activité scientifique et académique comme un service rendu à la patrie (et à la « petite patrie lorraine », pour reprendre ses propres termes). Peu de temps avant de mourir (il décède à Nancy le 7 octobre 1920), il dissout la Société des amis de l'aviation et fait verser le solde des comptes à la faculté des sciences. Lorsqu'en 1918, la frontière s'éloigne derrière Strasbourg, Nancy redevient une université de province comme les autres et ne peut plus s'appuyer sur cette rhétorique patriotique qui lui avait conféré un statut à part et qui avait si largement animé les actions de Floquet. Ainsi, les enjeux universitaires nationaux se transfèrent sur Strasbourg et on assiste alors au départ vers l'université reconquise de plusieurs universitaires nancéiens qui, comme Rothé, incarnaient une certaine forme de modernité.

Dès sa candidature comme maître de conférences, Floquet envisage avec satisfaction la perspective de faire carrière à Nancy et ne semble pas tenter d'obtenir par la suite une position dans une autre ville universitaire. Est-il une exception ? Répondre à cette question supposerait d'étudier la carrière de l'ensemble des enseignants de la faculté des sciences de Nancy. On peut néanmoins proposer quelques éléments de réponse en examinant les carrières des titulaires d'une chaire de mathématiques à la faculté des sciences de Nancy[19].

Quatre sur onze des titulaires de chaires de mathématiques entre 1854 (date de création de la faculté des sciences) et 1918 (retraite de Floquet) sont des Lorrains formés à l'École normale supérieure qui se satisfont de leur carrière nancéienne. À ce premier groupe constitué de Nicolas Renard (ENS 1847), Gaston Floquet, Henri Vogt (ENS 1881) et Édouard Husson (ENS 1893), on peut adjoindre Xavier Bach (ENS 1832) et Jules Molk, deux Alsaciens qui deviennent nancéiens suite à l'annexion de l'Alsace par l'Allemagne ; tous deux font leur carrière à Nancy en prenant une part importante dans la vie académique locale[20]. Ainsi, Renard, Bach, Floquet et Husson seront doyens de la faculté des sciences tandis que Vogt dirigera pendant de nombreuses années l'institut électrotechnique.

Pendant la guerre de 1914-18, Vogt œuvre avec Floquet pour préserver un enseignement à la faculté des sciences et dans les instituts techniques, allant jusqu'à organiser des enseignements à Paris pour préserver l'existence des instituts lorsque l'université de Nancy est fermée en 1918 du fait de la proximité du front. De même, Molk contribue activement à la création et au développement des instituts techniques :

> « Il avait gardé le souvenir de l'enseignement qu'il avait reçu à Zurich[21] et il cherchait par tous les moyens à créer à Nancy un centre d'instruction supérieur à la fois théorique et technique qui pût remplacer pour les jeunes gens français et étrangers, l'école polytechnique de Zurich.[22] »

Les nécrologies et les avis des doyens et recteurs insistent sur les qualités d'enseignant des professeurs de ce groupe[23]. Sans être des mathématiciens de premier plan, ce sont des mathématiciens actifs, Renard en physique mathématique, Bach en analyse et astronomie, Floquet en analyse, Vogt en algèbre, Molk, en arithmétique et Husson en mécanique. Floquet est néanmoins le seul à conserver une activité de recherche significative pendant la majeure partie de sa carrière. Les autres ne publient des articles de recherche que rarement ou même plus du tout après l'obtention de leur chaire. En revanche, la plupart rédigent des manuels ou des traités généraux, Renard en géométrie descriptive, Vogt en mathématiques générales, Molk sur les fonctions elliptiques (avec Paul Appell), Husson en mécanique[24]. Non seulement ils s'investissent localement dans la vie académique et dans la vie sociale (diverses expositions régionales pour Floquet et Vogt, conférences, divers comités et académies, etc.) mais ils prennent aussi des responsabilités nationales et internationales : jurys d'agrégation ou d'admission aux concours (Husson, Floquet), inspection générale de l'enseignement secondaire ou supérieur (Bach, Floquet), Commission internationale de l'enseignement mathématique (Vogt), édition française de l'*Encyclopédie mathématique* (Molk, Vogt, Floquet).

Le profil d'Émile Lacour n'est pas éloigné de ce premier groupe. Lorrain, normalien (ENS 1874) et satisfait d'obtenir un poste à l'université de Nancy[25], il effectue une grande partie de sa carrière dans l'enseignement secondaire avant d'être nommé maître de conférences (1896), puis professeur adjoint en 1898, pour obtenir une chaire en 1901. À l'image des membres du premier groupe, Lacour s'investit dans l'enseignement, rédige, tout comme Molk, des notices bibliographiques pour le *Bulletin des sciences mathématiques*, et est coéditeur avec Appell, d'un traité sur les *Principes de la théorie des fonctions elliptiques et applications*. Alors qu'il est stabilisé et vient d'être promu à la troisième classe, Lacour décide cependant de demander sa mutation à Rennes[26].

Les cas d'Hervé Faye et d'Elie Cartan peuvent être rapprochés. En effet, ils passent par Nancy mais pour des raisons académiques – auxquelles s'ajoutent des raisons politiques pour Faye – ils obtiennent rapidement des postes à Paris. Titulaire de la chaire de mathématique pures et appliquées dès la création de la faculté des sciences en 1854, Faye (qui n'est ni lorrain, ni normalien mais polytechnicien) reste douze ans à Nancy comme professeur et recteur avant de rejoindre l'École polytechnique comme professeur de géodésie. Même si ses ambitions politiques et administratives et sa brillante carrière d'astronome créent évidemment un tropisme parisien, il s'investit néanmoins durant sa période nancéienne dans le développement de l'enseignement en Lorraine. De même, Élie Cartan occupe pendant cinq années la chaire de calcul différentiel et intégral et participe en particulier aux enseignements de l'institut électrotechnique. Au contraire de Faye qui rejoint Paris pour occuper des postes importants, Cartan quitte Nancy pour poursuivre normalement sa carrière comme maître de conférences à la Sorbonne.

Émile Mathieu constitue un cas singulier. Lorrain, polytechnicien (X 1854), il obtient (après un passage par l'université de Besançon) la chaire de mathématiques pures en 1873. Il ponctue rapidement sa notice individuelle d'un « désir être nommé professeur à la faculté des sciences de Paris[27] » en invoquant ses travaux en physique mathématique, une certaine légitimité acquise comme suppléant de Lamé et le fait qu'il est le seul mathématicien physicien français. Très rapidement, les relations avec ses collègues se dégradent ; en 1875, le recteur souligne qu' « il montre réellement trop peu de zèle pour le professorat » et que « le choix de M. Mathieu n'est pas très heureux pour la faculté de Nancy[28] ». Mathieu considérera pendant toute sa carrière comme une injustice de devoir rester à Nancy, injustice qu'il attribuera à Hermite :

> « M. Hermite [...] a introduit successivement dans les chaires de mathématiques de la Sorbonne tous ses amis, son gendre (Picard) et son neveu (Appell) à l'âge de 26 ans. Jamais pareil scandale n'a eu lieu dans l'Université sous les gouvernements monarchiques.[29] »

* * *

L'étude des biographies d'universitaires qui effectuent de manière assumée et heureuse leur carrière en province permet de réévaluer une certaine histoire convenue et très centralisée. L'histoire de l'enseignement supérieur en France aux XIXe et XXe siècles prend un autre relief lorsqu'on fait apparaître d'autres établissements que la Sorbonne, l'École polytechnique et l'École normale supérieure dans lesquels les universitaires peuvent s'épanouir professionnellement et intellectuellement. Il paraît donc peu satisfaisant de les considérer seulement comme des périphéries ou comme des tremplins vers des établissements parisiens.

De même, les lieux et les modes de production scientifique se diversifient avec l'étude des pratiques professionnelles et théoriques d'acteurs nouveaux qui sans être majeurs (à quelques exceptions près) ne participent pas moins à l'émergence, à la mise en place et à la circulation des innovations scientifiques. Il est notable à cet égard que nombre d'animateurs des diverses tentatives d'organisation des communautés scientifiques au tournant du XXe siècle soient en poste dans des universités de province.

Enfin, l'histoire de l'inscription des universitaires provinciaux dans les réseaux des élites permet de comprendre comment les thématiques de la modernité circulent entre la province et la capitale, comment les débats autour de l'internationalisation de la science, de la technique et de l'industrialisation s'installent dans les diverses couches de la société, comment les questions de la science deviennent partie prenante de l'espace public.

## Annexe : les chaires de mathématiques à la faculté des sciences de Nancy (1854-1927)

| | | | |
|---|---|---|---|
| **Mathématiques pures et appliquées**<br>Hervé Faye (1854)<br>Nicolas Renard (1866)<br>*Division de la chaire (1871)* | | | |
| | **Mathématiques appliquées**<br>Nicolas Renard (1871)<br>Gaston Floquet (1880)<br>Jules Molk (1890)<br>Henri Vogt (1899)<br>Jean Delsarte (1927) | **Mathématiques pures**<br>Xavier Bach (1871)<br>Émile Mathieu (1872)<br>Gaston Floquet (1890)<br>*Division de la chaire (1898)* | |
| | | **Analyse**<br>Gaston Floquet (1898)<br>Georges Darmois (1920) | **Mécanique rationnelle**<br>Jules Molk (1898)<br>Édouard Husson (1919) |
| **Calcul différentiel et intégral**<br>Émile Lacour (1901)<br>Élie Cartan (1903)<br>Pierre Boutroux (1909)<br>Édouard Husson (1912)<br>Jules Haag (1918) | | | |

## Notes

1. En 1914, la ville compte 120 000 habitants, contre 43 000 en 1870. La population militaire y représente près de 9 % alors qu'elle se situait autour de 1 % en 1866.
2. Lucien Charve, « Floquet (Achille Marie Gaston) », *Annuaire biographique des étudiants de l'École normale supérieure*, Paris, 1921, p. 80-84.
3. Archives nationales (AN), F/17/22483/b (Dossier Gaston Floquet) : Lettre au ministre de l'Instruction publique, 9 septembre 1899.
4. AN, F/17/22483/b : Lettre au chef du Bureau du personnel au ministère de l'Instruction publique, 9 septembre 1899.
5. Cet épisode retardera largement l'entrée de Lacour dans l'enseignement supérieur. Il n'obtiendra son premier poste de maître de conférences qu'en 1896, à Nancy ! Il y sera ensuite nommé professeur de calcul différentiel et intégral en 1901 avant de partir pour Rennes sur la chaire de mathématiques pures en 1903 (AN, F/17/22931 : Dossier Émile Lacour).
6. AN, F/17/22483/b : Lettre de François Achille Thomassin au directeur du personnel du ministère de l'Instruction publique, 3 décembre 1877. Après plus de 20 ans passés en Afrique, Thomassin (1827-1919) est engagé durant la guerre de 1870 à Frœschwiller, où son régiment est décimé. En 1871 il préside le conseil de guerre qui juge les chefs de l'insurrection marseillaise. Il sera directeur de l'artillerie au ministère de la guerre de 1875 à 1879. La suite de sa carrière le conduira au commandement de la division d'Oran (1883) ou au sein du Conseil supérieur de la Guerre de 1889 à 1892.
7. « Jamais, en aucun temps, même à ma sortie de l'École Normale et à mes débuts dans l'enseignement secondaire, je ne me suis vu aussi déshérité. » Lettre de Floquet au ministre de l'Instruction publique, 11 novembre 1878 (AN, F/17/22483/b).
8. AN, F/17/22483/b : Lettre de Jean Roger au doyen de la faculté des sciences de Nancy, 8 avril 1879.
9. AN, F/17/22483/b : Lettre de Floquet au recteur d'académie, 5 novembre 1890.
10. G. Floquet, « Sur les équations différentielles linéaires à coefficients périodiques », *Annales scientifiques de l'École normale supérieure*, 2e série, 12, 1883, 47-88.
11. Gaston Floquet, *Sur le mouvement d'un fil dans un plan fixe*. Paris, Gauthier-Villars, 1889.
12. Il est élu membre titulaire de l'Académie de Stanislas en 1898 et il en assurera la vice-présidence à plusieurs reprises.
13. Il organise ainsi en 1909, dans le cadre de l'Exposition internationale de l'Est de la France, à Nancy, une Exposition rétrospective lorraine des sciences.
14. Sur le rôle de Bichat, voir Françoise Birck, « Des instituts annexes de facultés aux écoles nationales supérieures d'ingénieurs, à propos de trois écoles nancéiennes », dans André Grelon, Françoise Birck (dir.), *Des ingénieurs pour la Lorraine XIXe-XXe siècles*, Metz, Éditions Serpenoise, 1998, p. 143-213 (réédition aux Presses universitaires de Nancy en 2007).
15. Charles Adam, « Discours prononcé aux obsèques de Gaston Floquet », *Gaston Floquet, professeur et doyen, 1847-1920*, Nancy, J. Coubé et fils, 1921.
16. Archives municipales de Nancy, (k) I2-11.

17. Conçue suivant le modèle des expositions universelles, cette exposition attirera en six mois près de deux millions de visiteurs et bénéficiera d'une couverture médiatique considérable. Voir Marie-Jeanne Choffel-Mailfert, « La visibilité sociale de l'alliance de la science et de l'industrie : l'Exposition internationale de l'Est de la France en 1909 », dans F. Birck, A. Grelon (dir.), *Un siècle de formation des ingénieurs électriciens. Ancrage local et dynamique européenne, l'exemple de Nancy*, Paris, Éditions de la Maison des sciences de l'Homme, 2006, p. 195-236.
18. G. Floquet, « L'exposition d'aéronautique et le IVe congrès international d'aéronautique », dans *Rapport général sur l'Exposition internationale de l'Est de la France*, Nancy, 1909.
19. Se restreindre à cet échantillon biaise en partie l'analyse, au moins disciplinairement et hiérarchiquement. De plus, à partir de 1880, l'université de Nancy connaît un grand développement, en particulier en raison de la création des instituts techniques, et faire sa carrière à Nancy peut être plus enthousiasmant que dans une autre ville de province moins dynamique.
20. Une autre caractéristique de ce premier groupe est qu'avant d'obtenir une position à Nancy, ils ont tous occupé des postes de professeurs de lycée ou de mathématiques spéciales dans des lycées de province, ou des postes universitaires (maître de conférences, chargé de cours ou professeur) dans d'autres universités de province (c'est le cas pour Molk et Husson).
21. Molk est le seul non-normalien de ce premier groupe. Après avoir d'abord étudié à l'*Eidgenössische Technische Hochschule* de Zurich entre 1874 et 1877, il termine ses études à la Sorbonne. Il sera accueilli par Jules Tannery et fera partie des étudiants qui feront le voyage d'Allemagne (à Berlin, essentiellement auprès de Leopold Kronecker).
22. Henri Vogt, « Jules Molk (1855-1914) », *L'Enseignement mathématique*, 1914, n° 16, p. 380-383.
23. En particulier, les recteurs insistent sur le fait qu'ils font tous des cours supplémentaires bénévolement.
24. Husson publie en 1932 un volume du *Mémorial des sciences mathématiques* sur les trajectoires de la dynamique.
25. Lacour déclare en 1900 avant d'obtenir la chaire de calcul différentiel et intégral de la faculté des sciences de Nancy : « Si je pouvais devenir titulaire à Nancy prochainement, je n'aurai plus rien à demander » (AN, F/17/22931 : Dossier Lacour).
26. Le rapport de Floquet en 1903 donne peut-être des indications sur cette décision : après avoir souligné son engagement auprès des étudiants, le rapport se poursuit en précisant que Lacour est un « excellent collègue mais assez ombrageux, capable de croire qu'on lui en veut même quand rien, absolument rien, ne motive une pareille supposition » (AN, F/17/22931 : Dossier Lacour).
27. En 1888, alors qu'il vient de subir un nouvel échec dans ses tentatives d'obtenir une chaire à la Sorbonne, il émet le vœu suivant : « désire de l'avancement. Non seulement ses titres scientifiques ne lui sont comptés pour rien, mais il n'a pas la situation due à son ancienneté » (AN, F/17/22998 : Dossier Émile Mathieu).
28. AN, F/17/22998 : Dossier Mathieu.
29. AN, F/17/22998 : Lettre de Mathieu à un condisciple polytechnicien datée de 1887.

# Chapitre 11

# Devenir professeur à la Sorbonne dans l'entre-deux-guerres, un profil type ? Le cas des sciences mathématiques

**Hélène Gispert**

L'historiographie de l'entre-deux-guerres présente traditionnellement la faculté des sciences de Paris – ses professeurs, l'enseignement qu'ils dispensent – comme l'image même du retard et de l'immobilisme. En ce qui concerne les sciences mathématiques, il se produit pourtant, durant ces années, un changement radical de générations dans le corps professoral : quinze des vingt-six professeurs qui ont exercé à la Sorbonne entre les deux guerres y ont été nommés après la Première Guerre mondiale. Qui sont ces enseignants, ces savants qui ont bénéficié dans ces années de ce qui est une promotion manifeste, un tel poste représentant alors le sommet d'une carrière professorale et académique ? Quelles ont été, jusqu'à leur entrée à la Sorbonne, leurs trajectoires intellectuelles comme institutionnelles ? Il peut être difficile d'en tracer un portrait de groupe à ce moment de leurs histoires tant l'ensemble des carrières et des œuvres scientifiques de ces quinze mathématiciens, mécaniciens et astronomes peut apparaître divers et hétérogène. Il m'a semblé néanmoins intéressant de tenter l'exercice et de travailler ainsi à nouveaux frais la question de l'entre-deux-guerres mathématique en France et de ses éventuels retards en usant des atouts que peut offrir l'histoire de l'enseignement en combinant approche institutionnelle et intellectuelle.

## Un groupe *improbable* d'acteurs controversés

Cette quinzaine d'acteurs qui accèdent au cercle le plus étroit de l'élite mathématique est loin d'être numériquement imposante en regard du milieu mathématique et de l'ensemble des professeurs de sciences mathématiques dans les universités françaises[1]. Mais ces mathématiciens, en tant que professeurs à la Sorbonne, ont une influence déterminante, ils font partie des « patrons » qui régissent la vie mathématique de la France de l'entre-deux-guerres. Cela n'a pas toujours été, le lieu d'excellence des mathématiques françaises étant au XIX^e siècle, l'École polytechnique ; c'est seulement à partir des dernières années du siècle que la faculté des sciences de Paris, et avec elle l'École normale supérieure, deviennent à leur tour la voie privilégiée des études et de la carrière mathématiques. La Sorbonne est ainsi dans l'entre-deux-guerres, en quelque sorte, l'antichambre de l'Académie des sciences : tous ces professeurs, sauf un, ont en effet été académiciens, onze d'entre eux le devenant dans notre période même.

Isoler cette part de l'élite mathématique académique – et je pense ici aux deux sens de ce qualificatif – en jouant de la seule caractéristique qui soit *a priori* commune à ses membres : avoir été nommé professeur à la Sorbonne dans les années 1920 et 1930, s'appuie sur des choix problématiques et méthodologiques qui sont loin d'être anodins. Leur nombre est trop réduit pour ambitionner toute étude à caractère prosopographique qui renseignerait l'histoire de l'université et de ses personnels[2]. Construire un tel objet d'étude traduit en fait l'importance toute particulière, qu'en tant qu'historienne des sciences, avertie de la dimension opératoire de l'histoire de l'enseignement, j'accorde à cet élément commun de la carrière et de l'activité de ces quinze savants dont les trajectoires et les œuvres individuelles ont jusqu'ici été traitées de façon très diverse et hétérogène par l'historiographie des mathématiques.

L'historiographie des mathématiques en France dans cette période soulève d'ailleurs une contradiction au cœur de laquelle se trouvent la Sorbonne et ce groupe de professeurs. L'entre-deux-guerres voit la naissance, dans le milieu des années 1930, du groupe Bourbaki, groupe de normaliens, tous jeunes professeurs de facultés de province, qui s'engagent dans la refondation et la réorganisation des mathématiques avec l'écriture de ce qui doit être un nouveau grand traité d'analyse. Plusieurs d'entre eux ont établi, notamment à travers leurs écrits autobiographiques, une vulgate selon laquelle la France mathématique de l'entre-deux-guerres était alors en déclin, ses professeurs – ceux dont ils suivaient les cours à l'École normale et à la Sorbonne – dépassés, bons peut-être, selon Laurent Schwartz, mais pas des génies, avec une gloire mathématique déjà derrière eux, et cultivant des champs mathématiques du début du siècle – en particulier l'analyse qui a été un domaine d'excellence et d'avant-garde des mathématiques françaises dans les années 1900 – n'investissant aucun des champs nouveaux de l'après-guerre comme l'algèbre. Le *Cours d'analyse* de Goursat, enseigné à la Sorbonne, publié pour la première fois en 1902 et réédité en 1910, 1917, 1924, 1927 et 1942, est une cible privilégiée de Bourbaki dont un objectif est de le détrôner comme en témoigne ce pastiche féroce écrit par le groupe :

> « Ô puissant, ô cruel, ô toi clair Bourbaki,
> Vas-tu nous déchirer dans un accès de crise

Le Goursat filandreux miroir de l'analyse
Défenseur attardé d'un passé qui a fui ? »

Médiocrité, retard, passéisme caractériseraient donc, sauf rares exceptions[3], les professeurs de la Sorbonne de ces années et l'enseignement mathématique qu'ils dispensent, cette image se fondant de plus sur le traumatisme de la Première Guerre mondiale qui laisse un milieu mathématique vieilli et profondément meurtri, les jeunes promotions de normaliens des années 1910 à 1914 ayant par exemple été décimées à plus de 50 %. L'image est implacable : la faculté des sciences de Paris est un cadre peu propice à générer des recherches d'avant-garde, les Bourbaki revendiquant d'ailleurs leurs sources d'inspiration dans les mathématiques cultivées à l'étranger[4].

Un travail historique récent sur les thèses de sciences mathématiques soutenues à la Sorbonne dans l'entre-deux-guerres[5] conduit à une tout autre vision de ce milieu mathématique et de ses professeurs. Un nombre imposant de doctorants, 203 exactement, soutiennent, à un rythme au moins aussi soutenu que pendant la décennie avant-guerre, leur thèse de sciences mathématiques à Paris et cela dès les années 1920. Les sujets sont divers, certains relèvent de champs entièrement nouveaux et les sources d'inspiration se trouvent en partie dans les travaux récents de plusieurs de ces patrons français, professeurs à la Sorbonne entre les deux guerres.

Qu'en est-il alors du procès en médiocrité et immobilisme que les fondateurs de Bourbaki ont dressé à l'encontre d'un milieu professoral de l'entre-deux-guerres ancré dans l'avant-Première Guerre mondiale et qui aurait eu une influence délétère sur la recherche mathématique française ? L'étude des patrons des mathématiques en France dans l'entre-deux-guerres – parmi lesquels ce groupe d'acteurs de l'enseignement universitaire parisien – a été engagée dans un article récent[6]. La prise en compte plus spécifique des trajectoires intellectuelles et institutionnelles de ce groupe de professeurs parisiens, de ce qui y est commun et de ce qui ne l'est pas, dégagée du biais de la vulgate qui s'est jusqu'ici imposée sur cette période de l'histoire de l'enseignement mathématique supérieur de l'entre-deux-guerres en France, apporte des éléments inattendus tant pour l'histoire de l'enseignement que pour l'histoire des mathématiques.

## Profils de carrière

Prenons plus précisément la dimension de l'ampleur du renouvellement des professeurs de sciences mathématiques à la faculté des sciences de Paris dans les deux décennies 1920 et 1930, car renouvellement il y a bien eu. Quatre professeurs nés dans la décennie 1850, nommés à la Sorbonne avant 1900 (Édouard Goursat, Émile Picard, Paul Appel et Gabriel Kœnigs) partent à la retraite, suivis par trois autres (Paul Painlevé, Henri Andoyer, Claude Guichard) nés dans la décennie 1860 et nommés entre 1900 et 1914. En 1933, seuls deux des professeurs de la Sorbonne ont été nommés avant-guerre, ce sont Émile Borel et Élie Cartan, nés respectivement en 1871 et 1869. Le renouvellement est important, le changement de générations radical et pourtant l'image d'immobilisme marque ces deux décennies. Mais il est vrai que les « jeunes » professeurs ne sont pas des hommes nouveaux, ils ont pour la plupart soutenu leur thèse de sciences mathématiques avant la guerre et ils ont pour beaucoup, au moment de leur nomination, une déjà longue carrière. Ils ont dû attendre que des chaires se libèrent, or l'âge du départ en retraite d'un professeur est de 75 ans jusqu'en 1930, 70 ans ensuite. La moyenne d'âge des professeurs de sciences mathématiques de la Sorbonne n'a d'ailleurs pas baissé au cours de la période : de cinquante-sept ans en 1918, elle est de soixante ans en 1930 comme en 1940.

Une première vague de renouvellement se produit dans les années 1920, neuf mathématiciens étant élus professeurs à la Sorbonne entre 1918 et 1930. Peut-on, dans leur parcours, identifier des éléments d'un profil type qui permettraient de construire une identité mathématique commune à ce groupe d'acteurs de l'enseignement supérieur ?

Huit d'entre eux – c'est-à-dire Henri Lebesgue, Ernest Vessiot, Jules Drach, Paul Montel, Henri Villat, Maurice Fréchet, Ernest Esclangon et Henri Beghin, donnés ici dans l'ordre de leur nomination à la Sorbonne – sont nés dans les années 1870 et ont soutenu leur thèse dans la décennie 1900[7]. Le neuvième, Gaston Julia, est une exception notable. Né en 1893, il accède à un poste de professeur à la faculté des sciences de Paris à l'âge remarquable de 30 ans. Sa nomination en 1923 s'intercale entre deux groupes de nominations de ses aînés, quatre ayant été nommés entre 1918 et 1922, quatre autres entre 1927 et 1930. Julia partage cependant une caractéristique commune avec ses aînés, quelle que soit l'année de leur nomination, tous sont normaliens. Ils font donc, dès l'origine, partie de l'élite mathématique formée à l'École normale supérieure et ont suivi cours et conférences à la faculté des sciences de Paris.

### La première vague des années 1920, la continuité

Les quatre premiers – Lebesgue, Vessiot, Drach et Montel – ont un même profil de carrière, profil classique depuis la fin du XIX^e^ siècle de carrières mathématiques réussies. Agrégés[8], professeurs de lycée en classes préparatoires à leur sortie de l'École normale, ils entament ensuite en tant que chargés de cours, maîtres de conférences puis professeurs, un tour de France des universités de province : Clermont-Ferrand, Lille, Lyon, Poitiers, Toulouse, Rennes, pour ce qui les concerne. Ces hommes sont déjà des mathématiciens confirmés avant la guerre et leur nomination à Paris est l'aboutissement de leur carrière académique. Celle-ci se fait le plus souvent en deux temps, sur un poste de chargé de cours puis de maître de conférences tout d'abord, poste plus prestigieux et mieux rémunéré que celui de professeur en province – étape qu'ils ont tous franchi avant la guerre – puis sur un poste de professeur, soit professeur sans chaire soit professeur titulaire de la chaire de mathématiques générales.

Tous les quatre analystes, ils s'inscrivent là aussi dans une tradition dominante des recherches mathématiques françaises du début du siècle à laquelle certains d'entre eux ont participé de façon éclatante. Leur entrée sur les devants de la scène académique mathématique dans ces années d'après-guerre[9] signifie bien, comme le disent les jeunes Bourbaki, une continuité dans la vie mathématique française initiée dans les années 1900. Mais ce qu'il faut aussi souligner, sous peine de contresens, c'est que ces années au tournant du siècle et la décennie 1900, furent en France des années de changements radicaux dans la France mathématique, tant au plan des recherches que de leur diffusion ou leur enseignement ; les acteurs en furent, parmi d'autres, certains de ces nouveaux professeurs de l'immédiat après-guerre.

**La seconde vague des années 1920, la rupture de la guerre**

Il ne peut plus être question de tradition ou de continuité lorsqu'on considère les parcours institutionnels et les champs de recherche des quatre professeurs nommés à la fin des années 1920. Nés à la fin de la décennie 1870, à peine plus jeunes que leurs collègues, ils vivent une tout autre histoire, la guerre a imprimé sa marque sur leurs trajectoires. Villat, Fréchet et Esclangon ont bien débuté, ainsi que leurs aînés, comme professeur de lycée[10] puis ont été nommés maître de conférences puis professeur dans des universités de province, postes qu'ils occupent en 1914 ; mais, à la sortie de la guerre, la reconnaissance de leur mérite mathématique ne les conduit pas à Paris mais à Strasbourg. Sortie victorieuse de la guerre contre l'Allemagne, la France veut faire de l'université de Strasbourg, redevenue française, la vitrine de son excellence intellectuelle et universitaire. Dès 1919, Villat, Fréchet, Esclangon, nommés professeurs à l'université de Strasbourg, sont chargés d'y créer de toutes pièces un enseignement mathématique supérieur français de haute classe[11] ; Esclangon devient directeur de l'observatoire. À la fin des années 1920, leur mission accomplie et leur mérite accru, des chaires étant à nouveau vacantes à la Sorbonne, ils sont appelés à Paris directement – ou presque[12] – comme professeurs.

La trajectoire de Beghin est différente. Si le début en est classique – normalien, agrégé, Beghin débute au lycée de Brest où il enseigne jusqu'en 1908 – ce n'est qu'au début des années 1920 qu'il obtient des postes de maître de conférences dans les universités de province (Montpellier puis Lille) avant de devenir maître de conférences à Paris en 1929, puis professeur sans chaire l'année suivante ; de 1908 à 1921 il est en effet demeuré professeur à l'école navale de Brest.

Avec les champs de recherche de ces nouveaux arrivés à la Sorbonne, nous entrons là aussi dans d'autres horizons que ceux des analystes du début du siècle. Ce sont, pour Villat et pour Beghin, la mécanique des fluides, pour Esclangon l'astronomie, pour Fréchet, il est vrai, l'analyse générale mais aussi, à partir des années 1920, en raison de son enseignement à Strasbourg, les statistiques et les probabilités. Dans ces domaines se développent alors des recherches novatrices qui ne peuvent être considérées comme dépassées voir passéistes. Elles sont de plus portées au plan institutionnel par la création de nouveaux instituts au sein des universités – soit à Paris pour les statistiques et les probabilités, soit à l'échelle de la France pour la mécanique des fluides[13].

Les choix scientifiques de cette seconde vague de nouveaux professeurs s'inscrivent ainsi dans un contexte scientifique spécifique qui porte également l'empreinte de la guerre. Celle-ci est en effet manifeste dans la volonté qu'a le ministère de l'Air de développer les recherches relatives à la mécanique des fluides ; elle est également présente, j'y reviendrai, dans le développement des statistiques et des probabilités lié à l'effort de reconstruction des mathématiques en Europe que finança l'International Educational Board de la fondation Rockefeller dans les années 1920[14]. Cette activité de recherche de premier plan, caractéristique d'une certaine façon de l'entre-deux-guerres mathématique en France, est pourtant absente du tableau qui en a le plus souvent été dressé, l'amputant de secteurs importants et, encore une fois, novateurs, de la recherche et de l'enseignement.

La carrière de Gaston Julia, le plus jeune de ces nouveaux professeurs parisiens des années 1920, est elle aussi marquée par la guerre. Julia est en effet le symbole de toute une jeune génération, décimée et meurtrie par la guerre à qui le pays est redevable. Entré à l'ENS en 1911, tout jeune agrégé à l'été 1914, il est envoyé sur le front dès décembre 1914 où il est très grièvement blessé en janvier 1915. C'est pendant sa longue convalescence que Julia trouve et rédige les résultats de sa thèse de théorie des nombres qu'il soutient en 1917, puis il commence une œuvre brillante dans le domaine d'excellence classique de ses aînés, l'analyse. Elle lui vaut récompenses et prix de l'Académie et, une fois la guerre finie, Julia brûle les étapes et se retrouve, tout à la fois par son mérite scientifique et par son mérite militaire, chargé de conférences à la Sorbonne au début de l'année 1919, maître de conférences en 1922 et enfin professeur sans chaire en 1923. Il a 30 ans, âge légal minimal pour devenir professeur, et est en fait exceptionnellement jeune[15].

**Le renouvellement des années 1930**

L'année 1931 semble symboliquement ouvrir une nouvelle ère : Picard, qui occupe la chaire d'analyse supérieure et d'algèbre supérieure depuis 1897, et Goursat, celle de calcul différentiel et intégral depuis la même date, quittent leur poste. Par le jeu des vacances de chaires et des changements de titulaires, trois nouveaux professeurs sans chaires sont nommés en 1931 et 1932, Arnaud Denjoy, René Garnier et Joseph Pérès. Après 1933, Borel et Cartan, je l'ai indiqué, demeurent les seuls professeurs déjà en poste à la Sorbonne avant-guerre. Sont ensuite nommés professeurs, Jean Chazy en 1933, Georges Valiron en 1934 et Georges Bouligand en 1939. Ces six mathématiciens, nés dans les années 1880, sont normaliens – sauf Garnier qui est donc l'exception dans ce groupe de quinze –, ils sont agrégés et ont été docteurs entre 1909 et 1915. Ceux qui ont soutenu leur thèse entre 1909 et 1911 sont tout nouveaux maîtres de conférences ou chargés de cours dans une faculté des sciences de province (Montpellier, Poitiers, Lille) quand la guerre éclate. Ils sont nommés professeurs dès la fin de la guerre, Chazy, et Garnier dans l'université où ils se trouvaient, Denjoy à Strasbourg. Les docteurs de 1914 et 1915 commencent leur carrière universitaire après la guerre. Ils deviennent maîtres de conférences à Toulouse, Poitiers ou Strasbourg puis professeurs en province (Marseille, Poitiers, Strasbourg) au cours des années 1920, avant de rejoindre Paris comme maître de conférences puis professeur. L'effet singulier de Strasbourg s'est donc atténué pour cette nouvelle vague de professeurs parisiens, Denjoy étant le seul à y avoir été promu à l'image de ses collègues de la deuxième vague des années 1920 ; il est, avec Valiron, le seul « strasbourgeois » qui accède à la Sorbonne dans les années 1930, Pérès, qui a été maître de conférences à Strasbourg, n'y est resté qu'un an et est devenu professeur à Marseille. Denjoy mis à part, ces mathématiciens renouent ainsi, d'une certaine façon, avec le type de carrière de leurs aînés nommés à la Sorbonne juste avant la guerre ou au début des années 1920. De la même façon, leurs travaux mathématiques se trouvent en grande partie appartenir au domaine classique de la tradition française d'avant-guerre, l'analyse. Il en est ainsi pour Denjoy, Garnier, Valiron, Bouligand, la référence que je fais ici à la tradition n'invalidant en rien le caractère novateur de leurs travaux[16]. L'astronomie et la mécanique des fluides sont néanmoins toujours présentes avec Chazy et Pérès, élève de Villat.

## Logiques individuelles/logiques d'institutions

L'exemple d'Henri Lebesgue, le premier de notre quinzaine de mathématiciens à avoir été nommé professeur à la Sorbonne dans l'entre-deux-guerres, montre à quel point les questions de postes ont pu être lancinantes et envahissantes dans sa vie comme dans celle de beaucoup de jeunes docteurs en début de carrière à l'université. Lorsqu'il passe sa thèse, en 1902, il est professeur de mathématiques spéciales au lycée de Nancy mais il obtient dès cette année-là son premier poste de maître de conférences à Rennes. En 1910, après avoir été chargé de cours puis professeur à la faculté des sciences de Poitiers, il arrive enfin à Paris comme maître de conférences. La correspondance qu'il échange pendant toutes ces années avec son collègue et ami Émile Borel, alors maître de conférences à l'École normale supérieure et bien introduit dans le milieu mathématique académique – Borel est le gendre de Paul Appell, académicien, doyen de la faculté des sciences de Paris – est l'occasion de s'informer sans répit des postes disponibles en France comme maître de conférences, chargé de cours ou professeur, des traitements offerts, de l'opportunité de candidater, des autres candidats éventuels, de leurs soutiens et des siens, etc. Un quart des cent cinquante lettres que Lebesgue adresse à Borel dans ces années font ainsi référence à ce type de questions et aux difficultés financières d'un universitaire sans fortune personnelle[17].

Cette correspondance le prouve, la construction d'une carrière relève pour une part de stratégies et de logiques individuelles. C'est aussi ce que confirment les notices que la plupart de nos professeurs ont rédigées pour se porter candidat soit à l'Académie, soit à des postes de professeurs. Notons, par exemple, la façon dont, dans les années 1920, les candidats mentionnent ou non leur activité et travaux durant la guerre[18]. Ou encore la façon dont Henri Villat se prévaut des relations et subsides qu'il a su obtenir dans « des milieux souvent imprévus » pour l'organisation du premier congrès international des mathématiciens d'après-guerre en 1920 à Strasbourg[19].

Mais, au-delà des stratégies individuelles, sont à l'œuvre des logiques institutionnelles manifestes, d'autant plus notables dans une période comme l'après-guerre où la scène universitaire se modifie et est l'objet de plusieurs créations d'instituts de types nouveaux.

Nous avons déjà vu l'effet du retour de l'université de Strasbourg dans l'Université française et de la politique d'excellence qui fut celle des nouvelles nominations aux chaires de mathématiques de sa faculté des sciences. La jeune élite française d'avant-guerre – Fréchet, Villat, Esclangon, Denjoy – est promue à Strasbourg en charge des domaines de l'analyse, de l'astronomie et de la mécanique, suivie par Pérès et Valiron toujours dans les mêmes domaines. Une nouvelle étape d'excellence est ainsi créée avant Paris et ses maîtrises de conférences pendant les années 1920. L'arrivée de ces mathématiciens sur Paris et les chaires de la Sorbonne est alors liée à plusieurs facteurs, l'un piloté par la politique universitaire, l'autre par celle de l'Académie des sciences.

Sur le plan universitaire, deux événements majeurs ont eu lieu pour les sciences mathématiques, je l'ai indiqué plus haut. Le premier est le développement, en liaison avec le ministère de l'Air, d'une politique en faveur de la mécanique des fluides[20]. Une première chaire d'université « mécanique des fluides et applications » est créée en 1923 à la Sorbonne, occupée par Painlevé[21] ; elle est transformée en 1927 par une chaire d'État dont le premier titulaire ne peut être qu'Henri Villat devenu à Strasbourg chef incontesté d'une école en plein développement. Villat quitte alors Strasbourg et devient professeur sur cette chaire sans avoir jamais été, même symboliquement pour quelques mois, maître de conférences ou professeur sans chaire, étapes le plus souvent incontournables d'une carrière à la Sorbonne. Pérès, engagé également dans le champ de la mécanique des fluides mais plus jeune que Villat, fut, à son rythme, porté par la même dynamique. Maître de conférences à Strasbourg en 1920-1921 auprès de Villat, il fut nommé en 1922 professeur de mécanique à Marseille où il créa en 1930, avec le soutien du ministère de l'Air, un institut de mécanique des fluides. La création de tels instituts concerna plusieurs universités en France dont la Sorbonne qui eut le sien, dirigé par Villat ; une maîtrise de conférences de mécanique théorique des fluides est alors créée, Pérès y est nommé puis devient six mois plus tard professeur sans chaire.

Le second événement est la création de l'Institut Henri Poincaré (IHP) avec le soutien, cette fois, de l'International Education Board de la fondation Rockefeller[22] qui veut promouvoir les mathématiques et la physique théorique dans une Europe dévastée par la guerre. L'interlocuteur privilégié du côté français pour la création de cet institut est Émile Borel, professeur à la Sorbonne, personnalité éminente du milieu mathématique et académique français, dont le domaine principal de recherche est les probabilités qu'il souhaite développer. Vu les liens que ce domaine entretient avec les recherches d'alors en physique théorique, il ne lui est pas difficile de plaider pour un institut consacré aux probabilités et à la physique théorique. En 1928 ouvre donc ce nouvel institut de la faculté de sciences de Paris dont il devient directeur. Il appelle à la maîtrise de conférences attachée à sa chaire de l'IHP Maurice Fréchet, un de ses élèves en analyse dans l'avant-guerre, converti pour les besoins de l'enseignement à Strasbourg aux statistiques et aux probabilités. Fréchet, nommé en novembre 1928, devient un mois plus tard professeur sans chaire à l'IHP.

L'arrivée d'Esclangon à la Sorbonne sur la chaire d'astronomie relève d'une autre logique. Il est, cas unique dans ce groupe de professeurs, élu à l'Académie des sciences avant même d'avoir un poste parisien alors que la condition de résidence à Paris, nécessaire pour être académicien, fait de la Sorbonne, nous l'avons dit, l'antichambre de l'Académie[23]. L'écart entre les différentes élections n'est que symbolique

– il est élu à l'Académie en novembre 1929 et prend ses fonctions de professeur en janvier 1930 – mais il suffit à mettre à jour l'importance de la logique académique. De fait, Esclangon a pris la succession d'Henri Andoyer décédé en exercice en juin 1929, tout à la fois à la section d'astronomie de l'Académie, à la direction de l'Observatoire de Paris et à la Sorbonne.

L'exemple des professeurs strasbourgeois confirme, s'il le fallait, l'attraction et la suprématie parisiennes dans la vie mathématique française. Le cas particulier de Georges Bouligand peut néanmoins être compris à la fois comme un contre-exemple et une illustration de cette règle absolue du jeu institutionnel dans la fabrication d'une carrière mathématique. Tout d'abord professeur de mathématiques spéciales au lycée de Rennes, Bouligand est nommé à la faculté des sciences de Poitiers où il devient professeur en 1928. Il aurait alors tenté de faire de Poitiers le « Göttingen français[24] » dans un essai de décentralisation de la recherche française inspiré par la structure des institutions allemandes et souhaité par un certain nombre de mathématiciens français[25]. Un nombre conséquent de thèses sont soutenues à Poitiers – et non à Paris – sous sa direction, les jurys parisiens se déplaçant pour la soutenance, fait exceptionnel dans le paysage institutionnel de ce temps. Bouligand reçoit alors de hautes distinctions, il est élu membre correspondant de la section de mécanique de l'Académie en 1937, distinction rare réservée à des « non-résidents », généralement étrangers ; seuls deux autres mathématiciens, de la faculté des sciences de Besançon, l'ont été successivement pour les sciences mathématiques dans notre période. Poitiers pourrait donc être un contre-exemple au centralisme parisien et à son tropisme si l'histoire s'arrêtait là. Mais en 1938, Bouligand quitte Poitiers pour Paris, il est nommé maître de conférences à la Sorbonne en octobre 1938 et professeur sans chaire en janvier 1939. Ces dix années de Poitiers n'ont été qu'une singularité exceptionnelle dans le paysage institutionnel mathématique français.

* * *

L'étude, même sommaire, de ce portrait de groupe a montré que le milieu professoral mathématique de la Sorbonne a été profondément renouvelé durant ces deux décennies de l'entre-deux-guerres, tant dans son personnel que dans ses intérêts et ses dynamiques mathématiques intellectuelles comme institutionnelles. Les jugements et récits relatifs à sa médiocrité et son immobilisme semblent donc être, au moins en partie, infondés. Il est vrai que, comme le montrent les différentes éditions du traité de Goursat qui reste LE traité d'analyse pendant toutes ces années, l'enseignement de l'analyse n'a pas été rénové depuis le début du siècle et que ni l'intégrale de Lebesgue, ni la topologie, ni l'analyse fonctionnelle ne sont enseignées à la Sorbonne ; il est tout aussi vrai que l'enseignement de l'algèbre et de la théorie des nombres souffre d'un retard analogue. Mais en rester là reviendrait à ne pas tenir compte du développement d'autres domaines des sciences mathématiques dont nous avons vu l'importance comme, en particulier, la mécanique des fluides ou les probabilités et statistiques.

Il est intéressant de s'arrêter sur un tel « oubli » dans le paysage mathématique de la période habituellement dressé. Il faut y voir, à mon sens, l'effet d'un premier biais provoqué par les intérêts mathématiques des jeunes Bourbaki des années 1930 qui ont totalement ignoré ces domaines-là – domaines considérés comme des mathématiques appliquées – qu'ils ont rejetés aux marges de ce qui constituait pour eux le cœur des mathématiques. Si cette vision se retrouve bien évidemment dans leurs propres écrits, elle a également marqué le milieu mathématique – et ses historiens – pendant plusieurs décennies après la Seconde Guerre mondiale, tant l'influence des Bourbaki a été marquante alors sur le développement des mathématiques. Mais il est une raison d'un tout autre ordre à cette distorsion entre l'image de la Sorbonne que renvoie l'étude de ce groupe de professeurs et celle présente dans la littérature mathématique sur la période : ce qui est désigné et considéré comme une science mathématique n'est pas immuable et les frontières du territoire « sciences mathématiques » évoluent avec le temps. Si les chaires d'astronomie, de mécanique analytique et mécanique céleste, de mécanique des fluides et applications qu'occupent Esclangon, Chazy, Villat sont institutionnellement dans l'entre-deux-guerres des chaires de sciences mathématiques, il n'en est plus de même depuis les années 1950 et 1960 ; parallèlement un processus d'autonomisation de ces champs d'activité et de recherche est sensible dès l'entre-deux-guerres[26]. L'irremplaçable atout de l'étude de ce groupe de professeurs, tel qu'il a été défini par le seul critère d'ordre institutionnel énoncé dans le titre de cet article, est de restituer la norme institutionnelle de l'époque. L'histoire de l'enseignement permet ainsi d'interroger l'histoire des mathématiques sans en épouser certains des *a priori* et des biais construits soit par les acteurs même, soit par les historiens. Elle permet ici, à travers la diversité même de cette quinzaine d'individualités, de mieux comprendre la scène mathématique de l'entre-deux-guerres en France et l'image qu'on a pu en avoir.

## Notes

1. Il y a dans, l'entre-deux-guerres, entre douze et seize chaires dites de sciences mathématiques à la faculté des sciences de Paris pour une soixantaine dans les facultés de sciences de province. Si l'on ajoute les professeurs dits « professeur sans chaire », professeurs élus à la Sorbonne sans que leur ait été attribuée une des chaires existantes, les professeurs parisiens représentent ainsi grossièrement un quart de l'ensemble des professeurs de sciences mathématiques au plan national. Ces chaires parisiennes sont les chaires de géométrie supérieure, de calcul différentiel et intégral, de théorie des fonctions, d'analyse supérieure et algèbre supérieure, d'application de l'analyse à la géométrie, de mécanique analytique et mécanique céleste, de calcul des probabilités et physique mathématique, d'astronomie, de mécanique rationnelle, de mathématiques générales, de mécanique des fluides et applications.
2. De telles études existent au niveau des professeurs. Voir Christophe Charle, Eva Telkès, *Les professeurs de la faculté des sciences de Paris. Dictionnaire biographique 1901-1939*, Paris, INRP/Éditions du CNRS, 1989, où on trouve tous les détails des carrières de ces mathématiciens. Un dictionnaire biographique des personnels enseignants de la faculté des sciences de Paris est en cours de réalisation sous la responsabilité de Emmanuelle Picard (SHE-INRP) et Fabien Locher (CNRS).
3. Signalons comme principale exception, nous y reviendrons, Élie Cartan présenté comme un mathématicien novateur et de grand talent mais totalement isolé dans le monde académique qui ne comprend pas ses travaux.
4. Cette image de la faculté des sciences de Paris dans l'entre-deux-guerres se retrouve dans d'autres champs scientifiques come celui de la physique. Cf. Dominique Pestre, *Physique et physiciens en France, 1918-1940*, Paris, Éditions des archives contemporaines, 1992.
5. Juliette Leloup, *L'entre-deux-guerres mathématique à travers les thèses soutenues en France*, Thèse soutenue à l'université Pierre et Marie Curie, 2009.
6. Hélène Gispert, Juliette Leloup, « Des patrons des mathématiques en France dans l'entre-deux-guerres », *Revue d'histoire des sciences*, tome 62, n° 1, 2009, p. 39-118.
7. Ernest Vessiot figure dans cette liste même si, né en 1865, il est un peu plus âgé que ses sept collègues. Sa thèse, soutenue en 1892, a également été passée avant les sept autres.
8. Jules Drach est l'exception à cette règle, il échoue à l'agrégation, ce qui ne l'empêche donc pas de faire une brillante carrière qu'il débute dès sa thèse soutenue comme maître de conférences à Clermont-Ferrand.
9. D'autant que c'est dans cette même décennie 1920 qu'ils sont élus à l'Académie des sciences dans les différentes sections de sciences mathématiques.
10. Avant de devenir chargé de cours puis professeur à la faculté des sciences de Bordeaux, Esclangon, titulaire d'une thèse d'astronomie, a été aide-astronome.
11. Cf. Maurice Roy, « Biographie d'Henri Villat », *Comptes rendus de l'Académie des sciences*, t. 274, 1972, p. 127-132 : « En 1919, lors du retour à la France des "provinces recouvrées" Villat est nommé à la nouvelle Faculté de Strasbourg, où une pléiade de jeunes Maîtres, déjà éminents, crée de toutes pièces un enseignement scientifique, supérieur et français, de haute classe. »
12. Voir ci-dessous la partie sur les logiques institutionnelles.
13. Je reviens sur la création de ces instituts dans la partie suivante à propos des logiques d'institutions.

14. Voir Rheinard Siegmund-Schultze, *Rockefeller and the Internationalization of Mathematics between the Two World Wars*, Basel, Birkhäuser, 2001 ; voir également la partie suivante ci-dessous.
15. Sur Gaston Julia, on pourra consulter les paragraphes qui lui sont consacrés dans H. Gispert, J. Leloup, « Des patrons des mathématiques... », art. cit., p. 84-90.
16. Voir J. Leloup, *L'entre-deux-guerres mathématique...*, *op. cit.*, chapitre 5.
17. Henri Lebesgue, *Les lendemains de l'intégrale. Lettres à Émile Borel*, Paris, Vuibert, 2004.
18. Voir H. Gispert, J. Leloup, « Des patrons des mathématiques... », art. cit., p. 47-54.
19. *Ibid.*, p. 52-53.
20. Pierre-Éric Mounier-Kuhn, « Un programme technologique national, la mécanique des fluides », dans Michel Grossetti, André Grelon *et al.*, *Villes et institutions scientifiques*, rapport pour le PIR Villes, Paris, CNRS, juin 1996, p. 187-190 et le dossier des Archives nationales, AJ/16/5775.
21. Painlevé est très vite suppléé dans cette chaire, sa carrière politique ne lui permettant pas d'assurer ses enseignements.
22. Voir R. Siegmund-Schultze, *Rockefeller and the internationalization of mathematics...*, *op. cit.*
23. Une antichambre dans laquelle certains ont eu à attendre longtemps avant de pouvoir être élu faute de sièges vacants.
24. Selon l'expression du mathématicien Vasilesco rapportée dans R. Siegmund-Schultze, *Rockefeller and the internationalization of mathematics...*, *op. cit.*, p. 72.
25. J. Leloup, *L'entre-deux-guerres mathématique...*, *op. cit.*, p. 116-131.
26. Cf. Virginie Fonteneau, Hélène Gispert, « La généralité des revues à l'épreuve (II) : le test de la mécanique », dans V. Fonteneau, H. Gispert (dir.), *Étudier des revues générales de sciences. La RGS et la RS dans l'entre deux guerres*, à paraître.

# Chapitre 12

# L'association des professeurs de Biologie-Géologie de l'enseignement public : un acteur incontournable de l'enseignement des sciences naturelles

**Pierre Savaton**

Depuis 1911, une unique association corporative défend et représente l'enseignement des sciences de la Vie et de la Terre (ex-sciences naturelles) dans le secondaire. Forte de la légitimité que lui confère à la fois cette situation d'absence de concurrence, mais aussi de sa très forte représentativité numérique historique, l'association a participé tout au long du XX^e^ siècle au processus d'évolution et de réforme de l'enseignement secondaire de sa discipline. Elle a activement contribué à la fois à la mise en œuvre effective des programmes dans les classes, à la formation des enseignants, mais également, en amont, au processus même d'élaboration des réformes. La recherche ici présentée, conduite dans le cadre d'une recherche collective sur les réformes des disciplines scolaires des années 1950 aux années 1980[1], période de massification de l'enseignement secondaire, cherche à montrer combien cette association est un acteur incontournable de l'histoire de l'enseignement de sa discipline. Ce travail en cours s'appuie sur le dépouillement des bulletins de l'association, des textes officiels, plans et programmes d'études, des archives du ministère de l'Éducation nationale, de sources syndicales et d'un corpus de manuels scolaires.

## Création et évolution de l'association

L'Union des naturalistes de l'enseignement secondaire public (garçons et filles) est fondée en 1911, à l'initiative d'une poignée de professeurs agrégés de sciences naturelles désireux d'œuvrer collectivement à l'étude de toutes les questions relatives à l'enseignement des sciences naturelles dans l'enseignement secondaire et à la défense des intérêts professionnels de la discipline. Cette création fait suite à la création des associations des professeurs de langues vivantes, de mathématiques, de philosophie, de sciences physiques et d'histoire. L'Union des physiciens, créée en 1907, est ouverte aux Naturalistes[2], mais ceux-ci entendent bien prendre leur autonomie vis-à-vis d'une discipline à laquelle ils sont liés depuis plus d'un siècle, non seulement par la proximité disciplinaire, mais également par des concours de recrutement longtemps communs, des enseignements partagés et, jusqu'en 1941, une même inspection générale. D'emblée, l'Union des naturalistes (UdN) s'affiche dans la défense et la quête de reconnaissance de la spécificité de son enseignement, portée par un nombre certes fort réduit d'enseignants titulaires, mais d'enseignants militants. Elle se donne pour but : 1° d'étudier toutes les questions relatives à l'enseignement des sciences naturelles dans l'enseignement secondaire ; 2° de grouper tous les renseignements utiles pour la bonne organisation de cet enseignement ; 3° de défendre les intérêts professionnels de ses membres. Pour cela, elle se fixe pour mission d'organiser des réunions corporatives, des discussions et des enquêtes sur l'enseignement de la discipline et de publier un bulletin qui soit à la fois un lien et un lieu d'échanges, d'information et de formation entre collègues. Si elle est ouverte aux professeurs des écoles normales primaires et écoles primaires supérieures, qui scolarisent des élèves de même âge avec des programmes forts proches et bientôt communs, ce n'est toutefois que comme membres associés, sans droit de vote en assemblée générale. C'est une société d'agrégés, issus d'une dure sélection et soucieux d'en défendre le bien fondé. Elle est administrée par un comité central (qui devient comité national) élu par les adhérents, et dirigée par un bureau élu par le comité et constitué à son origine exclusivement par des professeurs des grands lycées parisiens. Jusqu'aux années 1970, les membres du bureaux sont tous en poste en Île-de-France, ce qui n'est pas sans poser quelques problèmes de représentativité de l'association à partir de l'explosion scolaire des années 1950-1960.

Les effectifs de l'association reflètent directement ceux de la discipline. Ils restent de l'ordre de la centaine de membres actifs jusqu'au début des années 1950. À cette date, une promotion d'agrégation ne dépasse guère la vingtaine de lauréats. La création du certificat d'aptitude au professorat de l'enseignement du second degré (CAPES) en 1950 et le recrutement massif d'enseignants au cours des années 1950 se traduit par une hausse rapide des adhérents : + 70 % entre 1952 et 1956. La massification de l'enseignement au cours des années 1960 entraîne une croissance fulgurante. L'Union déclare 2 000 adhérents en 1960, 3 000 en 1962, plus de 4 500 en 1969, 6 000 en 1970, 7 000 en 1971 et 8 000 en 1972. La représentativité numérique est incontestable car ces effectifs reflètent directement ceux des enseignants de sciences naturelles. C'est tout naturellement que le jeune recruté rejoint l'UdN. Mais cette croissance ne se fait pas sans crises et l'évolution légère des statuts votée à l'assemblée générale de 1958 ne suffit pas à calmer la contestation provinciale et à exprimer la diversité des opinions et convictions qui traversent désormais la discipline. Les provinciaux du comité national ne peuvent que rarement siéger aux réunions mensuelles, qui ont lieu à Paris et sont à la charge financière des individus ou de leur section régionale. Dans les faits, seuls les enseignants en poste dans la région parisienne peuvent participer aux réunions et le bureau national reste ainsi exclusivement parisien. Un comité national est formé à partir de 1958 de représentants de chaque régionale et se réunit trois fois par an seulement. Le rôle du bureau en sort renforcé : c'est lui qui gère l'association au quotidien.

L'organisation de l'UdN en régionales avec leur bureau propre chargé des affaires locales reproduit le fonctionnement national à une échelle locale. Le bureau national est en charge des relations avec le ministère et l'inspection générale, détermine la politique et les positions nationales de l'Union et assure la rédaction et la publication du bulletin. Localement, les régionales créent leur propre réseau et ne tardent pas, au cours des années 1950-1960 à reproduire localement un modèle de fonctionnement inspiré de celui du bureau national : liens privilégiés avec le rectorat et les inspecteurs pédagogiques régionaux ; publication d'un bulletin local dans certaines grandes régionales. Ceci n'est pas sans créer des prises de distances et certaines régionales se démarquent par leur autonomie de ton, marquée généralement par quelques fortes personnalités. L'inspection pédagogique régionale prend l'habitude au cours des années 1960-1970 de traiter directement avec les régionales, aux regrets du bureau national qui perd alors une partie de ses prérogatives dans la diffusion des informations officielles en provenance de l'inspection générale. Le centralisme national est pourtant réaffirmé à partir du milieu des années 1970 avec l'arrivée pour un quart de siècle à la tête de l'Association des professeurs de biologie et géologie (l'UdN devient l'APBG en 1965) de Jean Ulysse.

L'explosion scolaire et ses conséquences, à la fois sur la diversité des élèves, des établissements, des enseignants et des situations d'enseignement, la succession des réformes et changements de programmes des années 1950, 1960, 1970, l'évolution de la pédagogie et de la place de l'école dans la société... ne permettent plus à l'APBG de parler d'une seule voix. Le bulletin, où s'exprimaient encore dans les années 1960 des opinions parfois opposées et virulentes, se ferme aux échanges d'idées.

## Un acteur de l'élaboration des plans d'études et programmes d'enseignement des sciences naturelles

L'UdN souhaitait dès sa création être associée à l'évolution des plans d'études et programmes d'enseignement des sciences naturelles et non pas seulement à leur mise en œuvre. Pour cela, il convenait de participer à la réflexion en amont des réformes et notamment aux discussions et décisions du Conseil supérieur de l'Instruction publique. La réforme des conseils d'enseignement en 1945 ne change rien à cette revendication. Les membres élus du Conseil de l'enseignement du second degré (CESD) et du Conseil supérieur de l'Éducation nationale (CSEN) l'étant désormais à titre syndical (c'est en vain que les associations de spécialistes ont réclamé une place statutaire dans ces conseils), c'est à travers l'engagement syndical de certains membres du bureau de l'Union que l'association tente de peser sur les orientations. C'est sans surprise que la voix des Naturalistes dans ce conseil fut longtemps celle d'un physicien (Berson) avant d'être celle d'un membre du comité national (Albert Obré dans les années 1930), puis dans les années 1940 d'un homme à la double stature, Firmin Campan, secrétaire de la commission pédagogique du Syndicat national de l'enseignement secondaire (SNES) et membre du bureau national de l'UdN. En revanche, l'association fut d'emblée reconnue par l'inspection générale comme un partenaire privilégié. Jusqu'aux années 1960, l'inspection générale, qui est encore maîtresse de l'établissement des plans d'études et de la rédaction des programmes, confie l'élaboration des projets au bureau de l'UdN. À partir des années 1960, les conseils et les diverses commissions ministérielles ouvertes désormais à un grand nombre d'acteurs, diluent les pouvoirs et réduisent notablement celui de l'inspection générale, et par extension celui de sa protégée. L'inspection conserve ses prérogatives en ce qui concerne les contenus disciplinaires à enseigner : l'association conserve son poids en ce qui concerne leur mise en œuvre et la fonction de relais auprès des enseignants.

Des relations personnelles expliquent en partie au moins que l'inspection générale ait toujours associée l'UdN à sa réflexion et à l'élaboration des programmes, lui en déléguant même la charge jusqu'aux années 1950. Les inspecteurs généraux de sciences naturelles étaient tous agrégés et membres de l'UdN jusqu'à leur nomination à l'inspection, occupant même parfois des postes d'importance au sein du bureau. L'inspecteur général Firmin Campan en fut même secrétaire général de 1939 à 1951. Les rapports entre le bureau et l'inspection générale sont jusqu'aux années 1980 des rapports personnels entre anciens camarades de promotions et collègues naturalistes. Les échanges de courriers sont fort cordiaux, ce qui ne les empêche pas d'exprimer des avis parfois divergents. Soumis certes à la hiérarchie des statuts, ces relations cordiales assurent à l'UdN un rôle fondamental dans l'élaboration et la mise en œuvre des programmes. Les inspecteurs généraux sont, jusqu'aux années 1960, présidents d'honneur de l'Union et participent la plupart du temps aux assemblées générales de l'association, qui sont autant d'occasions de discours aux « troupes ». Ils savent qu'ils peuvent compter sur l'Union pour relayer leurs orientations et assurer ainsi leurs assises. Les programmes d'enseignement des sciences naturelles des années 1950 (nouvelles sections C', M') sont ainsi construits par l'UdN et seulement modifiés à la marge par l'inspection. L'Union propose, l'inspection dispose. Mais les programmes et projets de rénovation des années 1950 soulèvent des critiques au sein même de l'association et le bulletin s'en fait l'écho, rendant ainsi publics des désaccords internes au grand regret de l'inspection générale. L'inspecteur général Obré n'hésite pas dans son discours de 1961 à appeler à serrer les rangs :

> « Il serait impardonnable d'étaler sur la place publique des divergences internes. [...] N'oubliez pas que l'Inspection générale, responsable de ce qui est possible et réalisable, navigue parfois au niveau des écueils et doit faire preuve de calme, de sang-froid, de persévérance et rester dans les dimensions humaines.[3] »

La force de l'inspection générale de sciences naturelles est dans la cohésion de la pyramide : les enseignants, leur association et leur inspection ne doivent parler que d'une seule voix pour être audibles et écoutés. La force de l'inspection générale face aux conseils et dans ses échanges avec les directeurs généraux et membres du cabinet du ministre est dans l'assurance qu'elle donne d'avoir « ses troupes derrières elle ». Campan et Obré ont, semble-t-il, su jouer de ces rapports de force. Si la base critique les propositions et choix du bureau et du comité national, l'inspection ne peut plus prétendre contrôler l'enseignement. Mais la base ne se satisfait plus de cette situation où la participation majeure de l'Union aux réformes des plans et programmes condamne les enseignants à leur mise en œuvre sage et disciplinée. L'augmentation conséquente des effectifs de l'Union au cours des années 1950 et 1960 génère des désaccords internes de plus en plus fréquents et place bien souvent le bureau en porte-à-faux (programmes de 1958 par exemple). Le pouvoir de l'inspection générale décline au sein du ministère au cours des années 1960, concurrencé par celui des conseillers et des commissions. Le rôle affecté à l'association s'en trouve d'autant plus amoindri que l'association n'entend plus continuer à jouer les sous-traitants.

L'UdN/APBG n'a pas participé à l'élaboration de la réforme du second cycle de 1965, ni aux nouveaux programmes correspondants. L'inspection générale s'est contentée de lui transmettre les projets et textes établis, après consultation directe et personnelle de quelques membres du bureau. Progressivement, au cours des années 1960, l'association n'est plus consultée par le ministère, et *via* l'inspection générale, que pour avis, au même titre que d'autres groupes (syndicaux, associatifs, politiques) et parfois avec moins d'influence. La jeune APBG se plaint de cette situation d'éloignement. L'acteur est contourné.

L'influence de l'UdN a en revanche toujours été discrète voire inexistante au sein des divers conseils et commissions officiels. Dans les années 1950, la position des membres de l'UdN élus dans les conseils d'enseignement sur liste syndicale n'est pas toujours confortable. Les intérêts et choix de leur syndicat divergent parfois de ceux de l'association et les placent en porte-à-faux. À la Libération, Firmin Campan pouvait sans déchirement parler d'une même voix pour ses deux mandats à l'UdN et au SNES. Ce dernier syndicalise alors les deux tiers des enseignants du secondaire, dispose de tous les sièges syndicaux au CESD et contrôle par ses militants l'action de nombre de sociétés de spécialistes, dont l'UdN[4]. Mais les divergences politiques et syndicales des années 1950 conduisent Jean Paniel, également membre du CSEN, à démissionner du bureau de l'UdN en 1957. Membre du jury du CAPES dans les années 1950, il est nommé inspecteur général en 1963. M^lle^ Faure et Louis Pastor choisissent en revanche de rester à la fois au comité national et au CESD. En 1961, Pastor y défend, au nom du SNES, la création d'une agrégation de biochimie-physiologie, contre l'avis de l'inspecteur général Obré et de l'UdN, mais selon la position défendue par le SNES. L'UdN/APBG réclame toujours, mais en vain, dans les années 1960, une représentation en tant que telle au sein des conseils d'enseignement.

L'UdN est régulièrement reçue par les différents directeurs de l'enseignement au ministère ou leurs adjoints en présence de l'inspection générale. Ces entrevues annuelles permettent essentiellement à l'association de transmettre aux directeurs les vœux votés en assemblée générale. L'UdN n'est pas consultée, mais auditionnée. Cette faible prise en compte de l'association s'exprime également à la fin des années 1960 et au début des années 1970 par les reports successifs puis le refus de fait du ministère de constituer une commission de rénovation de l'enseignement des sciences naturelles sur le modèle des commissions disciplinaires Lichnerowicz (mathématiques) et Lagarrigue (sciences physiques et technologie). Ce refus d'une commission spécifique fut vécu, malgré les affirmations des ministères successifs qui se voulaient apaisantes, comme un désintérêt pour les sciences naturelles et un maintien à distance de l'association. L'UdN s'était dotée à partir de 1951 de sa propre commission des programmes, chargée de suivre leur mise en œuvre et d'en proposer des modifications, mais la distance croissante entre l'UdN/APBG et l'inspection générale réduisit le rôle de cette commission interne à donner son avis sur des programmes déjà établis voire publiés dans la presse.

## Un acteur du recrutement et de la formation des enseignants

En 1952, les trois membres du jury du CAPES de sciences naturelles nouveau régime, présidé par Campan, sont trois membres du bureau national de l'UdN. C'était déjà le cas du jury de l'agrégation de sciences naturelles, alors présidé par un universitaire, ancien de l'UdN, le professeur Marcel Prenant. Le bulletin publie chaque année la liste des lauréats et les sujets des épreuves et Prenant, au milieu des années 1950, y publie également son rapport de jury. L'augmentation importante du nombre des postes aux concours, pour répondre à l'explosion des effectifs scolaires, est confrontée à une pénurie de candidats. L'association craint que cette pénurie provoque une baisse du niveau de recrutement. En 1955, 246 candidates se sont présentées au concours féminin du CAPES de sciences naturelles, pour 40 places à pourvoir. Il n'y avait par contre que 86 candidats pour 100 places au concours masculin. L'UdN dénonce le peu d'attractivité d'un métier difficile qui conduit désormais un nombre croissant d'étudiants à faire un autre choix que celui de l'enseignement. Le président Marcel Oria écrit dans le *Bulletin* en 1955 :

> « les professions scientifiques du secteur privé sont beaucoup plus lucratives que les professorats de sciences physiques et de sciences naturelles. Nous pouvons, après d'autres, avec les syndicats, une fois de plus, jeter le cri d'alarme et demander le reclassement de la fonction enseignante.[5] »

Selon son mode habituel de fonctionnement, l'UdN lance auprès de ses membres, en 1955, une consultation sur la formation et le recrutement des professeurs. Elle souhaite une rénovation des modalités du concours de l'agrégation mieux accordée avec les tendances de la pédagogie de l'enseignement des sciences dans les lycées, sur le modèle des nouveaux CAPES, mais s'oppose à une séparation entre les sciences biologiques et géologiques destinée à alléger les exigences des concours. En vain : deux options sont distinguées à partir de 1959.

Cette situation de pénurie, partagée par d'autres disciplines, conduit une commission ministérielle à proposer en 1957 la création d'un nouveau corps d'enseignants scientifiques (bivalents) recrutés au niveau de la propédeutique scientifique (une année d'études post-baccalauréat et non trois comme pour les titulaires de la licence). Les propositions de cette Commission d'étude des problèmes relatifs au recrutement et à la formation des personnels scientifiques de l'enseignement et de la recherche (créée par un arrêté du 20 novembre 1957) ne sont pas retenues. L'UdN rejetait à l'unanimité cette éventualité tout comme la proposition de Gilbert Walusinski, le président de l'Association des professeurs de mathématiques de l'enseignement public (APMEP), de créer un corps de professeurs licenciés bivalents (mathématiques et sciences naturelles). Elle est systématiquement opposée à toute proposition de réduction des exigences du niveau universitaire des candidats et souhaite, au contraire, un renforcement de la licence d'enseignement des sciences naturelles pour une meilleure adaptation à l'enseignement dans le second degré, avec un enseignement solide en botanique, zoologie, physiologie, hygiène, géologie, mais aussi physique, chimie, mathématiques et philosophie. Il faut également élever, selon elle, le niveau universitaire des professeurs des collèges d'enseignement général (CEG) au niveau d'un ou deux certificats d'études supérieures. Pour l'UdN, ce n'est pas en abaissant le niveau de formation universitaire et le niveau de recrutement des enseignants que l'on peut pallier le manque d'enseignants, mais en revalorisant substantiellement les traitements.

L'UdN est associée dès 1951 à la formation des nouveaux enseignants certifiés et la nomination de l'inspecteur général Campan à la direction des Centres pédagogiques régionaux (CPR) en 1952 lui assure une place centrale dans la formation des stagiaires de sciences naturelles. En 1960, elle revendique également une participation à la formation pédagogique des étudiants admis dans les instituts de préparation aux enseignements du second degré (IPES) et prend plusieurs fois position au cours des années qui suivent sur la formation en sciences naturelles au sein des écoles normales d'instituteurs et d'institutrices. C'est aussi avec grande satisfaction qu'elle accueille la proposition de la commission consultative permanente des études scientifiques d'un recyclage des enseignants du second degré associant une actualisation des connaissances scientifiques et une information sur les méthodes nouvelles d'enseignement[6]. Prenant, membre de cette commission, propose à l'UdN de contribuer à ce « recyclage » ou « information permanente » des enseignants de sciences naturelles par la publication régulière d'articles dans le bulletin de l'Union (mission qu'il assurait déjà depuis sa création), par la mise en place de conférences et de démonstrations expérimentales au niveau régional et national (à l'occasion du congrès annuel de l'UdN). C'est ce qu'elle faisait déjà à cette date, conformément à ses statuts fondateurs.

Pour l'association, la formation des nouveaux enseignants et leur recyclage doit nécessairement associer une mise à jour des connaissances scientifiques, et faire appel pour cela aux universitaires, et une mise à jour de l'évolution des méthodes d'enseignement, et faire appel pour cela aux Naturalistes. Le travail avec les universitaires s'appuie sur le réseau des agrégés de sciences naturelles, qui après un début de carrière dans l'enseignement secondaire et la soutenance d'une thèse de doctorat, sont passés dans l'enseignement supérieur. Les liens de promotions, entretenus pas l'appartenance commune à la Société des agrégés et par les liens privés qu'assurent souvent une épouse (plus rarement un époux) enseignante de sciences naturelles dans le secondaire et membre de l'UdN, créent un réseau national et local entre l'association et l'université. L'association n'a jamais cherché en revanche à faire adhérer les universitaires, malgré le souhait du président Gribenski en 1965. Ce dernier, alors maître de conférences à l'université de Rouen, fut son seul président de statut universitaire. Élu au moment où les projets de réforme du directeur général Capelle tendaient à séparer les enseignants du secondaire des universitaires, Gribenski ne put empêcher les oppositions de vues de plus en plus fréquentes sur les contenus et les méthodes. Le projet présenté en 1964, proposait une spécialisation plus précoce des enseignements, dès la classe de première, pour une meilleure préparation aux études universitaires. L'UdN fut unanime pour rejeter l'idée que l'enseignement supérieur puisse déterminer les contenus et méthodes de l'enseignement secondaire.

L'association, à travers son bulletin, son assemblée générale annuelle et l'activité de ses régionales informe et souhaite former ses adhérents. Aux informations institutionnelles (textes et instructions officielles), s'ajoutent des commentaires et explications, des propositions de découpes annuelles des programmes (préoccupation permanente des enseignants), des propositions de ressources pédagogiques (ouvrages, fascicules, sommaires de revues, matériels, adresses de nouveaux fournisseurs), des échanges d'expériences entre collègues (exposés de séquences et de séances de travaux pratiques, présentations de montages, exposés d'innovations pédagogiques), des réflexions pédagogiques (discussions autour des méthodes nouvelles, discussions sur la place de l'expérience, la place de l'image…). Localement, les régionales organisent des visites de laboratoires, des sorties de travail sur le terrain, des démonstrations de séances de travaux pratiques pour tel ou tel niveau de classe, des conférences de recyclage des connaissances scientifiques. Certaines publient même leur propre bulletin local à partir de la fin des années 1950, avec le soutien fréquent des Centres régionaux de documentation pédagogique (CRDP). Le fonctionnement en régionales, en multipliant localement les rencontres entre collègues d'établissements géographiquement proches, facilite les échanges de pratiques et rapproche les collègues. L'assemblée générale annuelle donne lieu à un congrès de quatre jours (les journées d'études de sciences naturelles) à Paris ou dans l'une des capitales régionales. Ces journées rassemblent à chaque fois plusieurs centaines d'adhérents, qui viennent écouter des conférences de mise à jour scientifique assurées par des universitaires, suivre des ateliers d'échanges sur les travaux pratiques, visiter des laboratoires ou des exploitations agricoles, agronomiques, piscicoles… Ces journées comportent également des excursions botaniques, zoologiques et géologiques où les participants échangent sur le terrain à la fois sur les aspects scientifiques et sur les aspects pédagogiques de ces études. Elles représentent à chaque fois par l'effectif des enseignants concernés, la plus importante occasion de recyclage. L'assemblée générale permet de faire le point sur les aspects institutionnels de l'enseignement. Le bureau y présente régulièrement des rapports sur des questions de programmes ou de formation et les discussions conduisent aux votes de motions sur l'évolution souhaitée de cet enseignement. Ce sont des occasions de débats d'importance pour la discipline et d'un discours « aux troupes » des inspecteurs généraux souvent présents.

L'UdN/APBG appuie sa légitimité politique sur sa forte représentativité numérique et sur un recrutement précoce de ses adhérents, dès leur début dans le métier. Les stagiaires des CPR sont, à partir de 1962, abonnés gratuitement au bulletin. Les formateurs du CPR ou les conseillers pédagogiques sont généralement membres de l'UdN/APBG et souvent membres du bureau de la régionale. Il est d'autant plus difficile à un enseignant d'échapper à l'influence de l'association, qu'elle est omniprésente et souvent seul acteur local de sa formation. L'influence est toutefois moindre dans le premier cycle. L'association fondée par des professeurs agrégés, par et pour les professeurs des lycées, a toujours peiné à s'ouvrir à la fois aux préoccupations des classes du premier cycle et aux préoccupations de leurs enseignants, professeurs de CEG ou de CET (collège d'enseignement technique).

* * *

Au-delà de son intervention dans l'élaboration des plans d'études et programmes, de sa prise en charge de la formation initiale et continue des enseignants de sciences naturelles, l'association milite au quotidien pour le quotidien des enseignants. Enseigner les sciences naturelles nécessite des matériels spécifiques pour les travaux pratiques, des salles spécialisées (équipées en matériels) et des agents de laboratoires pour préparer et entretenir les matériels, oblige à des excursions pour des études *in situ* ou des collectes de matériels, requiert des ouvrages riches d'illustrations photographiques et des schémas au fur et à mesure du développement de méthodes actives privilégiant le travail individuel sur documents. Jusqu'aux années 1970 (limite actuelle de notre recherche), quasiment tous les livres scolaires pour l'enseignement des sciences naturelles dans le secondaire public sont l'œuvre de membres de l'UdN/APBG. L'association intervient à tous ces niveaux.

L'intervention des associations disciplinaires d'enseignants dans les processus amont et aval des réformes de l'enseignement secondaire est une constante à la fois historique et disciplinaire, qui varie toutefois sur le long terme. La période centrale (1945-1985) retenue pour la recherche en cours, marque en effet une inflexion du poids institutionnel de ces acteurs, à la fois par la perte d'influence de l'inspection générale qui trouvait dans ces associations, au moins en ce qui concerne le cas des sciences naturelles, un partenaire tout autant qu'un relais et une assise, et par la reprise en main politique de l'administration de l'Éducation nationale, plus sujette à s'appuyer désormais sur des commissions temporaires et bien souvent *ad hoc* que sur une organisation pyramidale traversée par des réseaux disciplinaires et statutaires.

L'UdN/APBG, par sa proximité avec l'inspection générale de sciences naturelles, sa présence dans les réseaux et relais syndicaux et corporatifs, mais aussi par sa représentativité numérique et le militantisme voire l'activisme pédagogique de certains de ses membres, a joué un rôle majeur, essentiel, dans l'évolution de l'enseignement de sa discipline, au moins jusqu'aux années 1970, en intervenant à tous les niveaux en amont et en aval des réformes. Ce rôle, qui est à comparer à celui des autres associations disciplinaires d'enseignants, fut probablement renforcé par l'absence, en ce qui concerne les sciences naturelles, d'autres acteurs collectifs aussi organisés et impliqués dans les différents rouages de l'enseignement secondaire. Bien des questions, en l'état actuel de l'étude, demeurent sur l'effet réel des actions de cette association par rapport à d'autres groupes d'influences et acteurs, surtout à partir du milieu des années 1960. La question de l'instrumentalisation de l'association est également à explorer, particulièrement en ce qui concerne les années 1950.

## Notes

1. Groupe de recherche REDISCOL « Réformer les disciplines scolaires : acteurs, contenus, enjeux, dynamiques (années 1950-années 1980) », soutenu par l'Agence nationale de la recherche.
2. Les enseignants de sciences naturelles se désignent et sont désignés couramment jusqu'aux années 1970 sous le terme de Naturalistes. Les membres de l'UdN se désignent comme les Naturalistes ; les membres de l'Union des physiciens, comme les Physiciens. Ce terme perd ensuite cette signification pour ne plus désigner que les étudiants et enseignants de sciences naturelles revendiquant des connaissances et compétences associant maîtrise de la systématique et forte expérience et pratique des milieux naturels.
3. Albert Obré, « Allocution de M. l'Inspecteur général A. Obré », *Bulletin de l'Union des naturalistes*, 1961, n° 2, p. 130-135.
4. François-Georges Dreyfus, « Un groupe de pression en action : les syndicats universitaires devant le projet Billères de réforme de l'enseignement (1955-1959) », *Revue française de sciences politiques*, vol. 15, n° 2, 1966, p. 213-250.
5. Marcel Oria, « Rapport sur la préparation et le recrutement des professeurs de Sciences Naturelles », *Bulletin de l'Union des naturalistes*, 1955, n° 2, p. 42-48.
6. Rapport M. Forestier, directeur de l'école supérieure de chimie de Strasbourg, sur la formation scientifique dans le second degré, 1959. Cité dans M. Oria, « Audiences accordées par le professeur Prenant », *Bulletin de l'UdN*, janvier-mars 1960, n° 1, p. 15.

# Bibliographie

ABOU EL MAATI Nagwa, « Sur les traces de Mathieu de Dombasle, Jules Rieffel et le défrichement des landes de Grand-Jouan », *Annales de l'Est*, 2006, n° 1, p. 119-130.

ALFONSI Liliane, *Étienne Bézout (1730-1783) : mathématicien, académicien et professeur au siècle des Lumières*, Thèse de l'Université Paris 6 Pierre et Marie Curie, 2005.

ANQUETIL Jacques, *La soie en occident*, Paris, Flammarion, 1995.

BÉGUIN Katia, « Un mécénat culturel au grand siècle : Condé et l'Académie Bourdelot », dans Congrès national des sociétés historiques et scientifiques, *Mécènes et collectionneur. Vol. 1 : les variantes d'une passion. Actes du 121e Congrès*, Paris, CTHS, 1999, p. 81-94.

BELHOSTE Bruno, *La formation d'une technocratie*, Paris, Belin, 2003.

BENEDICT-TROCMÉ Marie, « Le titre d'ingénieur agronome », dans Michel Boulet (dir.), *Les enjeux de la formation des acteurs de l'agriculture, 1760-1945*, Dijon, Educagri, 2000, p. 367-371.

BENOÎT Marc, KNITTEL Fabien, « De la conférence agricole au tour de plaine : naissance d'une pratique de pédagogie agronomique », *Comptes rendus de l'Académie d'agriculture de France*, vol. 87, n° 4, 2001, p. 105-112.

BENOÎT Marc, KNITTEL Fabien, « Mathieu de Dombasle à Monplaisir, ou comment devenir agronome en produisant du sucre de betterave en Lorraine au début du XIXe siècle », dans Alain Belmont (dir.), *Autour d'Olivier de Serres. Pratiques agricoles et pensée agronomique du Néolithique aux enjeux actuels,* Rennes, Presses universitaires de Rennes, 2002, p. 255-274.

BIDOIS Anne, *La formation scientifique et technique dans l'enseignement supérieur à Rouen (1809-1985). Essai de sociologie historique*, Thèse de l'université de Rouen, 2004.

BIRCK Françoise, « Des instituts annexes de facultés aux écoles nationales supérieures d'ingénieurs, à propos de trois écoles nancéiennes », dans André Grelon, Françoise Birck (dir.), *Des ingénieurs pour la Lorraine XIXe-XXe siècles*, Metz, Éditions Serpenoise, 1998, p. 143-213 (réédition aux Presses universitaires de Nancy en 2007).

BIRCK Françoise, « De l'Institut électrotechnique de Nancy à l'École nationale supérieure d'électricité et de mécanique », dans Françoise Birck, André Grelon (dir.), *Un siècle de formation des ingénieurs électriciens. Ancrage local et dynamique européenne, l'exemple de Nancy*, Paris, Éditions de la Maison des sciences de l'Homme, 2006, p. 23-90.

BODÉ Gérard, SAVOIE Philippe (dir.), *L'offre locale d'enseignement. Les formations techniques et intermédiaires, XIXe-XXe siècles*, numéro spécial de la revue *Histoire de l'éducation*, n° 66, mai 1995.

Bodé Gérard, *L'enseignement technique de la Révolution à nos jours. Tome 2 : de 1926 à 1958. Vol. 1 : textes officiels*, Paris, Économica/INRP, 2002.

Boirel René, *L'avènement de l'INSA*, Lyon, Association des anciens élèves de l'INSA de Lyon, 1983.

Bosseboeuf Louis-Auguste, *Histoire de la fabrique de soierie de Tours des origines au XIXe siècle*, Tours, P. Bousrez, 1900.

Boulet Michel, Lelorrain Anne-Marie, Vivier Nadine, *1848, le printemps de l'enseignement agricole*, Dijon, Educagri, 1998.

Bourde André Jean, *Agronomie et agronomes au XVIIIe siècle*, Paris, SEVPEN, 1967.

Briand Jean-Pierre, Chapoulie Jean-Michel, Huguet Françoise, Luc Jean-Noël, Prost Antoine, *L'enseignement primaire et ses extensions. Annuaire statistique, XIXe-XXe siècles. Écoles maternelles, primaires, primaires supérieures et professionnelles*, Paris, INRP/Économica, 1987.

Brucy Guy, *Histoire des diplômes de l'enseignement technique et professionnel (1880-1965). L'État, l'École, les Entreprises et la certification des compétences*, Paris, Belin, 1998.

Bruter Claude-Paul, *De l'intuition à la controverse*, Paris, Blanchard, 1987.

Capelle Jean, *L'éducation en Afrique noire à la veille des indépendances*, Paris, Karthala-ACCT, 1990.

Champeau-Fonteneau Virginie, *De l'IPO à l'ENSM (1919-1969). Les oscillations d'une école d'ingénieurs en quête de son identité entre industrie et recherche sur les matériaux dans la région nantaise*, Thèse de l'Université de Nantes, 2001.

Charle Christophe, Telkès Eva, *Les professeurs de la faculté des sciences de Paris. Dictionnaire biographique 1901-1939*, Paris, INRP/Éditions du CNRS, 1989.

Charmasson Thérèse (dir.), *Formation au travail, enseignement technique et apprentissage. Actes du 127e Congrès national des sociétés historiques et scientifiques, 15-20 avril 2002*, Paris, Éditions du CTHS, 2005.

Charmasson Thérèse, Lelorrain Anne-Marie, Ripa Yannick, *L'enseignement technique de la Révolution à nos jours. Tome 1 : 1789-1926*, Paris, INRP/Économica, 1987.

Chatriot Alain, Duclert Vincent (dir.), *Le gouvernement de la recherche. Histoire d'un engagement politique, de Pierre Mendès France à Charles De Gaulle (1953-1969)*, Paris, La Découverte, 2006.

Choffel-Mailfert Marie-Jeanne, « La visibilité sociale de l'alliance de la science et de l'industrie : l'Exposition internationale de l'Est de la France en 1909 », dans Françoise Birck, André Grelon (dir.), *Un siècle de formation des ingénieurs électriciens. Ancrage local et dynamique européenne, l'exemple de Nancy*, Paris, Éditions de la Maison des sciences de l'Homme, 2006, p. 195-236.

CHOUTEAU Marianne, FOREST Joëlle, NGUYEN Céline, « Conceptions de l'innovation et formations de l'ingénieur », *Cahiers du musée des Confluences*, 2011 à paraître.

COIRAULT Gaston, *Les Écoles centrales dans le Centre Ouest : c'est-à-dire dans le ressort de l'académie de Poitiers. (Départements de la Charente, de la Charente-Inférieure, de l'Indre, de l'Indre-et-Loire, des Deux-Sèvres, de la Vendée, de la Vienne et de la Haute-Vienne) an IV à an XII*, Tours, Impr. Arrault et Cie, 1940.

COLLAS Rolande, *Heurs et malheurs des soieries tourangelles*, Blois, Le Clairmirouère du temps, 1987.

CONDETTE Jean-François, *Les Recteurs d'académie en France de 1808 à 1940. Tome II : Dictionnaire biographique*, Lyon, INRP, 2006.

COORNAERT Émile, *Les corporations en France avant 1789*, Paris, Gallimard, 1941.

CRÉMIEUX-BRILHAC Jean-Louis, « Modernité de Mendès France. Pour une politique de la recherche scientifique », *Matériaux pour l'histoire de notre temps*, n° 63, 2001, p. 133-135.

D'ENFERT Renaud, *L'enseignement du dessin en France. Figure humaine et dessin géométrique (1750-1850)*, Belin, 2003.

DAINVILLE François de, « L'enseignement des sciences chez les Jésuites », dans René Taton (dir.), *Enseignement et diffusion des sciences au XVIIIe siècle*, Paris, Hermann, 1964, p. 27-65.

DHOMBRES Jean, OTERO Mario, « Les *Annales de mathématiques pures et appliquées* : le journal d'un homme seul au profit d'une communauté enseignante », dans Elena Ausejo, Mariano Hormigon (dir.), *Messengers of Mathematics : European Mathematical Journals (1800-1946)*, Madrid, Siglo XXI de España Editores, 1993, p. 3-67.

DOSSO Diane, « Henri Longchambon (1896-1969), secrétaire d'État de Pierre Mendès France », dans Alain Chatriot, Vincent Duclert (dir.), *Le gouvernement de la recherche. Histoire d'un engagement politique, de Pierre Mendès France à Charles De Gaulle (1953-1969)*, Paris, La Découverte, 2006, p. 62-74.

DREYFUS François-Georges, « Un groupe de pression en action : les syndicats universitaires devant le projet Billères de réforme de l'enseignement (1955-1959) », *Revue française de science politique*, vol. 15, n° 2, 1965, p. 213-250.

DUCLERT Vincent, « Pierre Mendès France et la recherche scientifique. Le sens d'une action gouvernementale », dans Alain Chatriot, Vincent Duclert (dir.), *Le gouvernement de la recherche. Histoire d'un engagement politique, de Pierre Mendès France à Charles De Gaulle (1953-1969)*, Paris, La Découverte, 2006, p. 45-61.

Dumas François, *La Généralité de Tours au XVIII^e^ siècle. Administration de l'intendant Du Cluzel (1766-1783)*, Paris, Hachette, 1894.

Fonteneau Virginie, Gispert Hélène, « La généralité des revues à l'épreuve (II) : le test de la mécanique », dans Virginie Fonteneau, Hélène Gispert (dir.), *Étudier des revues générales de sciences. La RGS et la RS dans l'entre deux guerres*, à paraître.

Foucault Michel, *Naissance de la clinique*, Paris, PUF, 1997 (1^re^ éd. 1963).

Foucault Michel, *Dits et écrits. Tome 1 : 1954-1975*, Paris, Gallimard, rééd. Quarto 2001.

Gérini Christian, *Les « Annales » de Gergonne : apport scientifique et épistémologique dans l'histoire des mathématiques*, Villeneuve d'Ascq, Éditions du Septentrion, 2003.

Gérini Christian, « J.-D. Gergonne (1771-185), le zèle d'un fonctionnaire et l'esprit critique d'un libre penseur », dans Jean-François Condette, Henri Legohérel (dir.), *Le recteur d'académie. Deux cents ans d'histoire*, Paris, Cujas, 2008, p. 53-74.

Gérini Christian, « Un recteur de la Monarchie de Juillet face à la crise du monopole », dans Jean-François Condette (dir.), *Les recteurs : deux siècles d'engagement pour l'École (1808-2008),* Rennes, Presses universitaires de Rennes, 2009, p. 77-86.

Gilet Annie, « De l'école de dessin au musée : histoire d'une collection », dans Annie Gilet, *Dessins XV^e^-XX^e^ siècle. La collection du musée de Tours*, catalogue d'exposition, Musée des Beaux-Arts de Tours, Tours, Mame, 2001, p. 11-22.

Gilet Annie, « L'enseignement pour les étoffes et la mise en carte à Tours de 1778 à 1826 », dans *La soie en Touraine*, Tours, Cité de la Soie, 2004.

Girault Jacques, Lescure Jean-Claude, Vadelorge Loïc, *Actes du colloque « Paris 13 : l'Université en banlieue (1970-2010) », 8 décembre 2010*, 2011 à paraître.

Gispert Hélène, Leloup Juliette, « Des patrons des mathématiques en France dans l'entre-deux-guerres », *Revue d'histoire des sciences*, tome 62, n° 1, 2009, p. 39-118.

Grossetti Michel, Grelon André *et al.*, *Villes et institutions scientifiques* », rapport pour le PIR Villes, CNRS, juin 1996.

Guinot Jean-Pierre, *Formation professionnelle et travailleurs qualifiés depuis 1789*, Paris, Domat-Montchrestien, [1946].

Hahn Roger, « L'enseignement scientifique aux écoles militaires d'artillerie », dans René Taton (dir.), *Enseignement et diffusion des sciences au XVIII^e^ siècle*, Paris, Hermann, 1964, p. 513-545.

Hahn Roger, « L'enseignement scientifique des gardes de la Marine au XVIII^e^ siècle », dans René Taton (dir.), *Enseignement et diffusion des sciences au XVIII^e^ siècle*, Paris, Hermann, 1964, p. 547-558.

Hénin Stéphane, *De la méthode en agronomie*, Paris, L'Harmattan, 1999.

HUBSCHER Ronald, *Les maîtres des bêtes. Les vétérinaires dans la société française (XVIII^e^-XX^e^ siècles)*, Paris, Odile Jacob, 1999.

JULIA Dominique, *Les trois couleurs du tableau noir. La Révolution*, Paris, Belin, 1981.

KNITTEL Fabien, *Agronomie et innovation. Le cas Mathieu de Dombasle (1777-1843)*, Nancy, Presses universitaires de Nancy, 2009.

LAHALLE Agnès, *Les écoles de dessin au XVIII^e^ siècle. Entre arts libéraux et arts mécaniques*, Rennes, Presses universitaires de Rennes, 2006.

LAHIRE Bernard, *L'Homme pluriel*, Paris, Nathan, 1998.

LAISSUS Yves, TORLAIS Jean, *Le Jardin du Roy et le collège royal dans l'enseignement des sciences au XVIII^e^ siècle*, Paris, Hermann, 1986.

LAMARD Pierre, LEQUIN Yves-Claude, *La technologie entre à l'université. Compiègne, Sevenans, Belfort-Montbéliard…*, Belfort, Pôle éditorial multimédia UTBM, 2006.

LAURENCIN Michel, *Dictionnaire biographique de Touraine*, Tours, Chambray-lès-Tours, 1990.

LEBEN Ulrich, *La fondation de l'école gratuite de dessin de Paris (1767-1815), modèle pour l'Europe et prédécesseur pour le développement des écoles professionnelles et d'arts décoratifs au XIX^e^ siècle*, Sigmaringen, J. Thorbecke, 1995.

LEGOUX Yves, *Du compagnon au technicien. L'École Diderot et ses évolutions successives, 1873-1972*, Paris, Technique et Vulgarisation, 1972.

LELOUP Juliette, *L'entre-deux-guerres mathématique à travers les thèses soutenues en France*, Thèse de l'université Pierre et Marie Curie, 2009.

LEQUIN Yves-Claude, « De crises en avancées : la croissance de la classe ouvrière », dans Collectif, *La France contemporaine. Identité et mutations de 1789 à nos jours*, Paris, Éditions sociales, 1982, p. 290-291.

MAILLARD Brigitte, « Lent assoupissement : XVII^e^ -XVIII^e^ siècle », dans Bernard Chevalier (dir.), *Histoire de Tours*, Toulouse, Privat, 1985, p. 179-220.

MARCHAND Philippe, « Les écoles pratiques de commerce et d'industrie dans le Nord de la France, 1892-1940. Jalons pour une histoire nationale de l'enseignement technique et professionnel moyen », dans Thérèse Charmasson (dir.), *Formation au travail, enseignement technique et apprentissage. Actes du 127^e^ Congrès national des sociétés historiques et scientifiques, 15-20 avril 2002*, Paris, Éditions du CTHS, 2005, p. 31-52.

MAURIN Yvette, « L'Institut de Roville », *Annales d'histoire des enseignements agricoles*, n° 2, 1987, p. 17-29.

MILLER Lesley, *Designers in the Lyon Silk Industry, 1712-1787*, Thèse de doctorat, Brighton Polytechnic, 1988.

Millet Audrey, « Couleurs de soie : tentatives de rénovation de la teinture à Tours, 1740-1827 », dans *La Soie en Touraine*, Tours, Cité de la Soie, 2007, p. 37-45.

Millet Audrey, *Dessiner pour tisser. Entre art et économie la formation du dessinateur pour soierie (1776-1826)*, mémoire de Master II, mai 2007.

Morvan-Becker Frédéric, *L'école gratuite de dessin de Rouen ou la formation des techniciens au xviiie siècle*, Thèse de l'Université Paris 8, 2010.

Mounier-Kuhn Pierre-Éric, « Un programme technologique national, la mécanique des fluides », dans Michel Grossetti, André Grelon et *al.*, *Villes et institutions scientifiques*, rapport pour le PIR Villes, Paris, CNRS, 1996.

Nabonnand Philippe, Rollet Laurent (dir.), *La biographie et la prosopographie en histoire des sciences*, Nancy, Presses Universitaires de Nancy, 2011.

Nique Christian, *François Guizot. L'école au service du gouvernement des esprits*, Paris, Hachette éducation, 1999.

Otero Mario, « Joseph-Diez Gergonne (1771-1859) », *Sciences et techniques en perspective*, n° 37, 1997, p. 35-59.

Passeron Jean-Claude, Revel Jacques, *Penser par cas*, Paris, EHESS, 2005.

Paul Harry W., « Apollo courts the Vulcans : the Applied Science Institutes in Nineteenth-Century French Science Faculties », dans Robert Fox, George Weisz (dir.), *The Organization of Science and Technology in France, 1808-1914*, Paris, Éditions de la Maison des sciences de l'Homme, 1980, p. 155-181.

Pestre Dominique, *Physique et physiciens en France, 1918-1940*, Paris, Éditions des archives contemporaines, 1992.

Pintard René, « Autour de Pascal, l'académie Bourdelot et le problème du vide », dans *Mélanges d'histoire littéraire offerts à Daniel Mornet, professeur honoraire de la Sorbonne par ses anciens collègues et ses disciples français*, Paris, Nizet, 1951, p. 73-81.

Prost Antoine, *Histoire de l'enseignement en France, 1800*-1967, Paris, A. Colin, 1968.

Prost Antoine, « Les origines des politiques de la recherche en France (1939-1958) », Reprint des *Cahiers pour l'histoire du CNRS 1939-1989*, n° 1, 1988. Consultable sur : http://picardp1.ivry.cnrs.fr/AP1.pdf

Prost Antoine, *Regards historiques sur l'éducation en France, xixe-xxe siècles*, Paris, Belin, 2007.

Rouget Fernand, Jacquemin A., *Un grand commis de l'État, M. Edmond Labbé*, Paris, Société des amis d'Edmond Labbé, 1946.

SAVOIE Philippe, « L'enseignement technique industriel en France : l'influence des écoles d'arts et métiers », dans Gérard Bodé, Philippe Marchand (dir.), *Formation professionnelle et apprentissage (XVIIIe-XXe siècles)*, INRP/*Revue du Nord*, hors série n° 17, 2003, p. 129-141.

SCHOESER Mary, DEJARDIN Kathleen, *Tissus français d'ameublement. De 1760 à nos jours*, Londres, John Calaman & King Ltd, 1991.

SÉBILLOTTE Michel, *Le tour de plaine*, INA-PG, ronéo, 1978.

SECONDY Louis, « Alceste en rectorie : Joseph-Diez Gergonne, recteur à Montpellier (1830-1844) », *Annales du Midi*, n° 193, janvier-mars 1991.

SERISÉ Jean, *Mémoires d'un autre*, Paris, de Fallois, 1999.

SÈVE Lucien, *L'homme ?*, Paris, La Dispute, 2008.

SHAPIN Steven, SCHAFFER Simon, *Léviathan et la pompe à air. Hobbes et Boyle entre science et politique*, traduit par Thierry Piélat et Sylvie Barjansky, Paris, 1993 (1ère éd. en anglais 1985).

SIEGMUND-SCHULTZE Rheinard, *Rockefeller and the Internationalization of Mathematics between the Two World Wars*, Basel, Birkhäuser, 2001.

SOULARD François, *La mise en place des formations intermédiaires en chimie appliquée au XIXe siècle en France : de Jean-Antoine Chaptal à Victor Duruy (1800-1869)*, Thèse de l'université de Nantes, 2006.

STEINER Georges, *Maîtres et disciples*, Paris, Gallimard, 2003 (coll. NRF essais).

TATON René, « L'École royale du Génie de Mézières », dans René Taton (dir.), *Enseignement et diffusion des sciences au XVIIIe siècle*, Paris, Hermann, 1964, p. 559-615.

THIVEND Marianne, SCHWEITZER Sylvie, *État des lieux des formations techniques et professionnelles dans l'agglomération lyonnaise. XIXe siècle-années 1960*. Recherche financée par le programme Éducation et formation : disparités territoriales et régionales, 2005.

VANACKER-DHORME Catherine, « Les débuts de l'enseignement professionnel dans le Nord : l'exemple de l'ENP d'Armentières », *Revue du Nord*, tome LXVII, n° 266, juillet-septembre 1985, p. 749-767.

VANDENBUSSCHE Robert, « Les pouvoirs locaux et les débuts de la formation professionnelle dans le Nord sous la IIIe République (1880-1914) », *Revue du Nord*, tome LXVI, n° 261-262, avril-septembre 1984, p. 883-892.

VERDIER Norbert, *Le* Journal de Liouville *et la presse de son temps : une entreprise éditoriale et de circulation des mathématiques au XIXe siècle*, Thèse de l'université Paris Sud 11, 2009.

VERGÉ-FRANCESCHI Michel, *Marine et éducation sous l'Ancien Régime*, Paris, CNRS, 1999.

VERNUS Michel, « La culture écrite et le monde paysan. Le cas de la Franche-Comté (1750-1860) », *Histoire et Sociétés Rurales*, n° 7, 1997, p. 41-72.

WAQUET Françoise, *Parler comme un livre. L'oralité et le savoir (XVI*e*-XX*e *siècles)*, Paris, Albin Michel, 2003.

WENER Martin, *Die Entwicklung der École Gratuite de Dessin und die Gründung des Musée der Beaux-Arts von Tours unter Charles-Antoine Rougeot*, mémoire de maîtrise d'histoire-philosophie, Ruprecht-Karls-Universität Heidelberg, Kunsthistorisches Institut, 2001.

# Index des noms de personnes[1]



1. Les noms en italiques signalent les auteurs d'études historiques et d'écrits contemporains.

# Index des institutions

# Titres déjà parus dans la collection Histoire des Sciences

*Ampère, Arago et Fresnel. Trois hommes, trois savants, trois amis (1775-1853)*, Brezinski Claude – 258 p., 24 €.

*Antoine de Fourcroy. Savant, franc-maçon, homme politique*, Queruel Alain – 252 p., 22 €.

*Antoine d'Abbadie. Voyageur du globe au XIX^e^ siècle*, Poirier Jean-Paul, Préface de Jean Dercourt, Secrétaire perpétuel de l'Académie des Sciences – 128 p., 19 €.

*Charles-Adolphe Wurtz. Un savant dans la tourmente. Entre bouleversements politiques et revendications féministes*, Pigeard-Micault Natalie, Préface de Bernadette Bensaude-Vincent – 172 p., 24 €.

*Dialogue sur les deux grands systèmes des mondes*, North Pierre – 170 p., 23 €.

*Édouard Brissaud. Un neurologue d'exception dans une famille d'artistes*, Poirier Jacques, Préface du Professeur Jean Cambier – 304 p., 38,50 €.

*Entomologie, Darwin et darwinisme*, Carton Yves, Préface du Professeur Patrick Blandin – 242 p., 23 €.

*Filippo Brunelleschi. Le dôme de Florence, paradigme du projet*, Aïm Roger – 91 p., 21 €.

*Henri Poincaré, « Ce que disent les choses ». Quand Henri Poincaré écrit pour les enfants*, Gérini Christian – 113 p., 21 €.

*Henry de Varigny. Darwinien convaincu, médecin, chercheur et journaliste (1855-1934)*, Carton Yves, Préface du Professeur C. Combes – 116 p., 21,50 €.

*Jean-Baptiste Biot (1774-1862). Un savant méconnu*, Poirier Jean-Paul – 282 p., 26 €.

*Jean-Baptiste Dumas (1800-1884). La vie d'un chimiste dans les allées de la Science et du Pouvoir*, Drulhon Jimmy – 418 p., 22 €.

*L'abbé Bertholon. Un électricien des Lumières en province*, Poirier Jean-Paul – 219 p., 27 €.

*L'essor des neurosciences. France, 1945-1975*, Debru Claude, Barbara Jean-Gaël et Cherici Céline (dir.) – 400 p., 38,50 €.

*Louis Pasteur. Cinq années dans les Cévennes au pays de l'arbre d'or*, Drulhon Jimmy – 266 p., 21,50 €.

*Madame d'Arconville. Une femme de lettres et de sciences au siècle des Lumières*, Bret Patrice et Van Tiggelen Brigitte (dir.), Préface d'Élisabeth Badinter – 208 p., 23 €.

*Mathématiques et Arts*, Loi Maurice (dir.) – 256 p., 34 €.

*Petit dictionnaire du charlatanisme médical*, POIRIER Jacques – 196 p., 22 €.

*Voyage au centre de la science au XXᵉ siècle. Sur les traces de Louis de Broglie*, LOCHAK Georges – 236 p., 26 €.

*Questions et inventions diverses. Livre IX ou L'invention de la résolution des équations du troisième degré*, TARTAGLIA Niccolò, Traduction et mise en forme Gérard Hamon et Lucette Degryse – 251 p., 34 €.

Imprimé en France par
LIGHTNING SOURCE
www.lightningsource.fr

IMPRIM'VERT
Votre imprimeur agit pour l'environnement

Printed in Dunstable, United Kingdom

91222227R00122